PLANET
DER PILZE

JESPER NYSTRÖM

PLANET DER PILZE

WIE EIN URALTES NETZWERK UNSERE WELT ZUSAMMENHÄLT

KOSMOS

Aus dem Schwedischen übersetzt von Antje Rieck-Blankenburg.
Titel der Originalausgabe: „Svamparnas planet", zuerst erschienen 2020 bei Bonnier Fakta, Stockholm, Sweden, unter ISBN 978-91-7887-055-4
In deutscher Sprache veröffentlicht nach Vereinbarung mit Bonnier Rights, Stockholm, Schweden.

Grafische Gestaltung: Eva Wilsson

Mit 69 Farbfotos.

Umschlaggestaltung von Populärgrafik, Stuttgart, unter Verwendung einer Illustration von Lars Sjööblom.

Für die deutschsprachige Ausgabe:

Pfizerstraße 5 - 7, 70184 Stuttgart

ISBN 978-3-440-17350-3
Projektleitung und Lektorat: Lisa Hummel
Satz: TEXT & BILD, Michael Grätzbach, Kernen i. R.
Produktion: Markus Schärtlein
Printed in Latvia / Imprimé en Lettonie

PROLOG

AUF DER JAGD NACH DEM GOLD DES WALDES

Warum kann man Pfifferlinge nicht züchten?

„Es gibt ja gar keine Pfiffergnons in diesem Wald", nörgelt mein gelangweilter Vierjähriger.

„Nee, und auch keine Champilinge", entgegne ich müde.

Meine Müdigkeit rührt daher, dass ich ihn schon ziemlich lange getragen habe. Seine Mutter ist wie ein eifriger Spürhund auf der Jagd nach dem gelben Gold des Waldes irgendwohin verschwunden – wie immer. Es ist ein typischer Herbsttag, bewölkt und windstill – Regen liegt in der Luft. Wir lassen uns unter einer Tanne nieder, um Pause zu machen und die Mutter zu bestrafen, indem wir ihre Zimtschnecke aufessen.

Meine elfjährige Tochter tritt achtlos gegen einen morschen Baumstamm und fragt: „Warum züchten wir nicht einfach ein paar Pfifferlinge auf dem Balkon? Dann kann Mama sie ja dort pflücken."

„Man kann Pfifferlinge nicht züchten", antworte ich.

„Und warum nicht?"

Ich stelle fest, dass ich keine Antwort auf diese Frage habe. Warum kann man Champignons züchten, aber Pfifferlinge nicht? Der Biologe in mir errötet vor Scham, und ich mache, was alle verantwortungsvollen Eltern in einer solchen Situation tun: Ich friemele mein Handy aus der Hosentasche, um heimlich eine schlaue Antwort zu googeln. Doch ich verlaufe mich rasch auf den gewundenen Pfaden im digitalen Pilzwald und bleibe stattdessen bei einer Schlagzeile

Ungeduldig? Blättern Sie vor bis Seite 103, um zu erfahren, warum sich Pfifferlinge nur schwer züchten lassen.

in einem Wissenschaftsjournal hängen. Sie lautet: „Erklärung für mysteriöses Waldsterben gefunden". Die Notiz handelt von einem amerikanischen Wissenschaftler, der beweisen konnte, dass ein Pilz namens Dunkler Hallimasch das flächendeckende Baumsterben in einem Nationalpark in Oregon verursacht hat. Erstaunlich daran ist, dass es sich dabei um einen einzigen Pilz – ein Individuum – handelt. Sein Alter wird auf mindestens 2.400 Jahre geschätzt, und seine Fäden, die sogenannten *Hyphen*, bilden ein unterirdisches Netzwerk, das den Saft aus den Baumwurzeln heraussaugt. Das Pilznetzwerk ist an die sechs Kilometer lang und erstreckt sich über eine Fläche von 880 Hektar, was mehr als 1.200 Fußballfeldern entspricht. Dieser Dunkle Hallimasch ist bislang der größte bekannte Organismus der Welt.

Die von diesem gigantischen Hallimasch angerichteten Verheerungen sind ein Beispiel für die elementaren Kräfte von Pilzen. Durch die Fähigkeit sowohl lebende als auch tote Materie zu zersetzen, können sie ein ganzes Ökosystem prägen. Die vom Dunklen Hallimasch verursachte Wurzelfäule stellt für Waldbesitzer in vielen Ländern ein Problem dar. Doch es gibt auch Pilzarten, deren Einfluss auf Baumwurzeln günstig ist. Ihre Hyphen bilden eine feinmaschige Verlängerung des Wurzelwerks und verbessern so die Nährstoffaufnahme der Bäume. Dieses Phänomen wird als *Mykorrhiza* bezeichnet und ist ein Beispiel für Symbiose, eine Zusammenarbeit zweier unterschiedlicher Organismen, von der beide Seiten profitieren. Manche Wissenschaftler sehen die Mykorrhiza sogar als eine Voraussetzung dafür an, dass auf kargen Böden überhaupt Nadelwald wachsen kann. Pilze können unsere Umwelt sowohl zersetzen als auch neu formen.

Von den Organismen, die man mit bloßem Auge erkennen kann, sind Pilze wohl diejenigen, über die wir noch am wenigsten wissen. Und das, obwohl Pilzesammeln in Schweden so etwas wie ein Nationalsport ist, und die meisten von uns höchstwahrscheinlich die Namen der geläufigsten Speisepilze kennen. Auch dass man Penicillin aus Pilzen gewinnt und Hefe für die Herstellung von Brot und Alkohol unerlässlich ist, sind allgemein bekannte Tatsachen. Alle, die ihren Fleischkonsum einschränken wollen, haben vielleicht sogar schon einmal die auf Pilzen basierende Alternative Quorn probiert.

Doch nur wenige wissen wahrscheinlich, dass die Pilzart, aus der Quorn gewonnen wird, eigentlich schädlich für den Menschen ist. Oder dass man mit Hefe nicht nur Brot backen und Bier brauen, sondern mittels Genmanipulation sogar einige der berauschenden Substanzen der Cannabis-Pflanze erzeugen kann. All jene, die irgendwann einmal unter Fußpilz litten, können sich allerdings damit trösten, dass unsere Fußsohlen auch mindestens 100 völlig harmlosen Pilzarten ein Zuhause bieten.

Eins hingegen dürften nur die allerwenigsten wissen: Die größten Pilzreviere befinden sich nicht im Wald, sondern im Meeresboden. Schwedische Wissenschaftler haben Pilzfossilien analysiert, die vor Urzeiten in Gesteinsrissen und -spalten unter dem Meer lebten. Diese Forschung steckt zwar noch in den Kinderschuhen, doch wie es scheint, ist die Artenvielfalt dort unten mindestens genauso groß wie auf dem Festland, wenn nicht sogar noch größer. Manche dieser Fossilien sind so alt, dass sie möglicherweise die vorherrschende Auffassung von der Entwicklung des Lebens auf unserem Planeten ins Wanken bringen. Darüber hinaus haben die schwedischen Forscher auch auf dem Festland in Gesteinstiefen von mehreren Kilometern Pilzfossilien entdeckt, also in einem äußerst nährstoffarmen, sauerstofflosen Milieu.

Alle, die hoffen, in diesem Buch ein neues Pilzrisotto-Rezept zu finden, werden enttäuscht sein. Doch für jene, die mehr über Pilze erfahren möchten und einen Einblick in die Welt dieser faszinierenden Organismen erhalten wollen, die unseren Alltag beeinflussen und sogar unseren Lebensraum formen, ist dieses Buch genau das richtige. Und versprochen: Es hält auch eine Antwort auf die Frage bereit, warum es so schwierig ist, Pfifferlinge zu züchten.

1 | UNTER EXTREMEN BEDINGUNGEN

Is there Pilze on Mars?

Die Biomasse ist schwer, ganze 550 Milliarden Tonnen. So viel wiegen die Kohlenstoffatome in allen lebenden Organismen auf unserem Planeten insgesamt. Die Pflanzen, die schwerste Organismengruppe, machen ganze 80 Prozent des Gesamtgewichts aus. Die Bakterien folgen auf dem zweiten Rang mit rund 70 Milliarden Tonnen. Die Tiere – Leichtgewichte in diesem Zusammenhang – bringen es bloß auf zwei Milliarden Tonnen. Das Gewicht der Menschen beläuft sich nur auf drei Prozent davon. Ein ziemlich geringer Anteil, könnte man meinen, doch unsere eigene Spezies wiegt zehnmal mehr als alle wild lebenden Säugetiere zusammen. Das Gesamtgewicht der Pilze wiederum ist beeindruckend: 12 Milliarden Tonnen. Damit sichern sie sich den dritten Rang auf der Liste der schwersten Organismengruppen. Fazit: Der kleine Pfifferling repräsentiert eine Organismengruppe, die sechsmal so schwer ist wie jene, der auch der König des Waldes, der Elch, angehört.
Es mag unglaublich klingen, aber erst kürzlich wurden weitere 15 Milliarden Tonnen Leben auf unserem Planeten entdeckt. Diese Organismen leben in einem Milieu, das zuvor als völlig unbewohnbar galt: dem Gestein der Erdkruste. Dessen Hohlräume und Risse dienen enormen Mengen von Mikroorganismen als Lebensraum. Sie leben sowohl im Gestein der Ozeane als auch der Kontinente bis in mehrere Kilometer Tiefe. Und ihr Lebensraum ist riesig: Das Gesamtvolumen aller Risse und Hohlräume dort unten ist doppelt so groß wie das der Weltmeere.

Die heißen Quellen in Island. Hier fühlen sich nicht gerade viele Lebewesen wohl, außer ganz hartgesottene – die *Archaeen*.

Was sind das für Mikroorganismen, die das Grundgestein bevölkern? Bakterien bilden die größte Gruppe. Hierzu gehören auch sogenannte *Archaeen*. Sie sehen aus wie Bakterien, doch ihre Zellwand hat einen äußerst spezifischen Aufbau. Deshalb werden sie als eigene Organismengruppe betrachtet. Archaeen sind Experten im Überleben unter extremen Bedingungen. Es gibt Arten, die im Unterschied zu gewöhnlichen Mikroorganismen an heißen Quellen, in eisiger Kälte oder sogar in salz- oder schwefelhaltigem Milieu leben können. Das Grundgestein ist in anderer Hinsicht extrem: Es enthält nur äußerst wenige lebensnotwendige Nährstoffe. Und dennoch bietet es massenweise Bakterien und Archaeen sowie Pilzen ein Zuhause. Schwedische Wissenschaftler gehen davon aus, dass sich die womöglich weltweit größten Pilzreviere im Grundgestein befinden. Dieses Kapitel handelt von unterirdischen Pilzen und den schwedischen Wissenschaftlern, die sie erforschen. Kommen Sie mit auf eine Reise, die in der Unterwelt beginnt, eine Zwischenlandung auf dem Planeten Mars einlegt und letztlich beim Ursprung jeglichen Lebens endet.

TIEF UNTER DEM MEERESBODEN IST JEDE MENGE LOS

Alle Organismen benötigen Kohlenstoff und Energie, um existieren zu können, doch beides ist in den Tiefen des Grundgesteins Mangelware. Immerhin gibt es dort Wasser; das Meer bahnt sich sukzessive einen Weg durch die verschiedenen Erdschichten und führt dabei kleine Mengen an Kohlendioxid und Sauerstoff mit sich. Die dort unten lebenden Bakterien und Archaeen können Kohlendioxid in Kohlenstoff umwandeln, wofür sie allerdings Energie benötigen. Die größte Energiequelle ist das Gestein selbst. Während des Verwitterungsprozesses sondert es nach und nach geringe Mengen an Mineralen und Ionen ins Wasser ab. Die Mikroorganismen beziehen ihre Energie aus der Oxidation dieser Minerale und Ionen mithilfe von Sauerstoff. Sie leben also hauptsächlich von Gestein und Wasser.

Und die Pilze? Wie überleben sie an diesem unwirtlichen Ort? Ein kurzer Abstecher ins Naturhistorische Museum in Stockholm kann diese Frage beantworten.

Dort arbeitet nämlich ein Wissenschaftler, der die ersten unterirdischen Pilze im Meeresboden entdeckt hat. Er heißt Magnus Ivarsson und ist Paläobiologe. Ein Paläobiologe untersucht Fossilien auf Organismen und versucht zu ergründen, wie diese gelebt haben. Zu Beginn der 2000er-Jahre erhielt Magnus Ivarsson Zugang zu Bohrproben aus dem Meeresboden des Pazifischen Ozeans. Er betrachtete sie unter dem Mikroskop und entdeckte in den Hohlräumen des Gesteins recht eigenartige Strukturen.

„Das hier sieht wirklich nach Leben aus, dachte ich. Aber ich hatte keine Ahnung, welche Art von Fossil sich in den Proben befand. Damals war ich nur ein gewöhnlicher Geologe und wusste gar nichts über Pilze“, berichtet er.

Die versteinerten Organismen faszinierten den Forscher so sehr, dass er beschloss, mehr über sie herauszufinden. In den darauffolgenden Jahren katalogisierte Magnus Ivarsson massenweise Gesteinsproben und entwickelte Kriterien dafür, wie sich Fossilien verschiedener Mikroorganismen-Arten unterscheiden lassen. Dabei gelangte er zunehmend zu der Überzeugung, dass die Gesteinsproben versteinertes Myzel enthielten, also filigrane Netzwerke aus Pilzfäden.

„Der große Durchbruch kam, als ich in einer teilweise versteinerten Probe Chitin nachweisen konnte. Da wusste ich, dass es weder Bakterien noch Archaeen sein konnten, sondern Pilze sein mussten“, sagt Magnus Ivarsson.

Chitin ist ein Bestandteil der Zellwände von Pilzen. Bei einem Besuch in Magnus Ivarssons Labor darf ich mehrere seiner Pilzfossilien unter einem hochauflö-

DIE EINTEILUNG DER LEBEWESEN

Alle Lebewesen können in drei Hauptgruppen, sogenannte Domänen unterteilt werden: Archaeen, Bakterien *und* Eukaryoten. *Dafür ist insbesondere die Zellstruktur der Organismen maßgeblich.*

Eukaryoten. *Sämtliche Arten besitzen einen Zellkern. Die Domäne der Eukaryoten umfasst Tiere, Pflanzen, Pilze und* Protisten, *eine Gruppe einfacherer, oft einzelliger Organismen.*

Bakterien. *Einzellige Organismen ohne Zellkern. Ihre Zellwand besteht aus* Peptidoglycan. *Sie sind stäbchen-, spiral- oder kugelförmig und leben allein, in Ketten oder Kolonien. Sie kommen überall vor, auch im menschlichen Körper, der mehr Bakterien beherbergt, als er Zellen enthält.*

Archaeen. *Früher nannte man sie* Archae- oder Urbakterien. *Archaeen sind einzellige Organismen ohne Zellkern, ihre Zellwand besteht aus* Pseudomurein. *Sie sind in den meisten Lebensräumen anzutreffen, sogar in heißen Quellen, Unterwasservulkanen und salzhaltigen Gewässern.*

senden Stereomikroskop in Augenschein nehmen. Der Forscher holt eine kleine Pappschachtel hervor und nimmt vorsichtig ein Gesteinsbröckchen heraus, das einer Bohrprobe aus dem Meeresboden des Pazifischen Ozeans entstammt. Er legt es unters Mikroskop und richtet dieses auf eine winzige Aushöhlung in der Oberfläche des Steins. Darin eingeschlossen wird eine versteinerte Miniaturwelt sichtbar, die vor 48 Millionen Jahren in ungefähr 70 Metern Tiefe unterhalb des Meeresbodens existierte. Die Aushöhlung enthält ein verworrenes Knäuel aus zarten hellbraunen Fäden. Es handelt sich um versteinertes Pilzmyzel. Die dunkleren Felder, die sich auf dem hellen Myzel abzeichnen, sind ein Flor aus versteinerten Bakterien, wie Magnus Ivarsson erklärt.

In der kleinen Aushöhlung befindet sich sogar noch ein dritter Organismus, der mit dem Mikroskop nur schwer zu erkennen ist. Deshalb hat man die Gesteinsprobe mit einem Synchrotron geröntgt. Das ist ein Teilchenbeschleuniger, der eine Strahlung mit hohen kinetischen Energien erzeugt, die selbst Fossilien durchdringen kann. Die so gewonnenen Informationen wurden digital in dreidimensionale Abbilder der Proben umgewandelt. Magnus Ivarsson öffnet ein solches Bild auf seinem Computer. Der dritte Mikroorganismus in der kleinen Gesteinsprobe ist jetzt deutlich zu erkennen. Er sieht aus wie ein im Pilzmyzel gespanntes Spinnennetz. Laut Magnus Ivarsson handelt es sich aller Wahrscheinlichkeit nach um ein Archaeon.

Vor 48 Millionen Jahren lebten also der Pilz, die Bakterien und das Archaeon tief im Gestein unterhalb des Meeresbodens zusammen in dieser kleinen Aushöhlung. Aber wie sah ihr Dasein aus? Vermutlich umfasste es sowohl symbiotische als auch parasitäre Komponenten. Pilze beziehen ihren Kohlenstoff aus organischer Materie. Und die einzige organische Kohlenstoffquelle dort unten bildeten gemäß Magnus Ivarsson seine Mitbewohner. Entweder lebte der Pilz also davon, tote Bakterien und Archaeen zu zersetzen, oder er war ein Parasit, der sie in lebendigem Zustand anzapfte. Doch die Mikroorganismen hatten möglicherweise auch einen gewissen Nutzen vom Pilz. Zersetzende Pilze

Eine versteinerte Miniaturwelt. Das 48 Millionen Jahre alte Pilzmyzel unten links sieht aus wie ein Fadenknäuel.

sondern Kohlendioxid ab, die Hauptkohlenstoffquelle für Mikroorganismen. Es gibt gewisse Bakterien, die mittels Oxidation von Eisenionen Energie produzieren – also schlicht und einfach durch Bildung von Rost. Vermutlich bezogen sowohl die Bakterien als auch das Archaeon, die mit dem Pilz zusammenlebten, ihre Energie auf diese Art und Weise.

Auch wenn dieses Fossil schon uralt ist, zeigt es laut Magnus Ivarsson, wie heutige Mikroorganismen im Grundgestein leben. Im Verlauf seiner umfangreichen Fossilien-Studien hat Ivarsson unabhängig vom Alter der Gesteinsproben ganz ähnliche Miniaturlebensgemeinschaften darin gefunden. Natürlich wäre es weitaus Erfolg versprechender, diese Untersuchungen an lebenden Pilzen aus dem Gestein unterhalb des Meeresbodens durchzuführen, doch das gestaltet sich extrem schwierig. Tiefseebohrungen sind ein brachiales Unterfangen, während Pilzmyzelien winzig klein und zerbrechlich sind. Dennoch ist es Magnus Ivarsson und seinen Kollegen gelungen, einen lebenden Pilz aus dem Grundgestein zu bergen. Er stammt jedoch nicht aus den Tiefen des Meeres, sondern aus Kontinentalgestein. Und in diesem geologischen Zusammenhang beginnt der Kontinent in Oskarshamn/Südschweden.

DAS LEBEN IM GRUNDGESTEIN

Die schwedische Insel Äspö liegt im Schärengarten von Misterhult in der Gemeinde Oskarshamn. Hier befindet sich das Äspö-Forschungsinstitut der Schwedischen Gesellschaft für Atomenergie- und Abfallverwaltung. Eine der Hauptaufgaben des Instituts besteht darin, die Endlagerung verbrauchter Brennelemente zu erforschen. Ein Teil der Anlage ist unterirdisch und mit einem Tunnelsystem ausgestattet, das nahezu 500 Meter tief ins Felsgestein hineinragt. Die Tunnelwände sind durchzogen von Bohrlöchern, aus denen beständig Wasser sickert, das völlig frei von Sauerstoff ist. Magnus Ivarsson und seine Forscherkollegen haben aus diesen Bohrlöchern zahlreiche Wasserproben entnommen, wobei es ihnen gelungen ist, einen kleinen lebenden Pilz zutage zu fördern. Dieser wird jetzt im Institut der Wissenschaftler in sauerstofffreier

Umgebung gezüchtet. Magnus Ivarsson räumt allerdings ein, dass es ziemlich schwierig war, den Pilz unter Laborbedingungen heimisch werden zu lassen. „Er wollte einfach nicht richtig wachsen. Aber als wir mit ein paar Algen nachhalfen und ihm mit einem winzigen Grashalm Halt gaben, bekam er einen Wachstumsschub“, berichtet Magnus Ivarsson.

Zum Erscheinungszeitpunkt dieses Buches hatten die Forscher noch keine genaue Artbestimmung des kleinen Pilzes vornehmen können, doch sobald er zu wachsen begann, konnte man zumindest sehen, welcher Pilzgattung er angehört. Er entwickelte nämlich Sporenbehälter und eine spezielle Art von Fäden namens *Rhizoide*. Diese sind kennzeichnend für eine sehr alte Pilzgruppe, die *Töpfchenpilze*. Bestimmte Arten innerhalb dieser Gruppe tummeln sich im Pansen von Wiederkäuern, wo sie Cellulose aus Pflanzen verstoffwechseln. Dabei bildet sich Wasserstoffgas. Die Wissenschaftler konnten zur großen Freude von Magnus Ivarsson feststellen, dass auch der kleine Pilz im Forschungsinstitut von Äspö Wasserstoffgas freisetzte, sobald er Zugang zu Pflanzenmaterie erhielt. „Jetzt haben wir endlich einen Beweis für die *Pansen-Theorie*“, erklärt er.

Die Töpfchenpilze im Pansen der Wiederkäuer leben zusammen mit Bakterien und Archaeen. Diese nutzen dabei das von den Pilzen abgesonderte Wasserstoffgas und sondern ihrerseits Methangas ab. Laut Pansen-Theorie funktioniert dies in den Tiefen des sauerstofffreien Felsgesteins ähnlich. Der kleine Pilz ist also ein lebender Beweis für ihre Richtigkeit. Vor der Entdeckung dieses Pilzes ließ sich die Theorie ausschließlich mittels Fossilien stützen. Eines dieser Fossilien stammt aus einem 740 Meter tiefen Bohrloch in der Region Oskarshamn. Magnus Ivarssons Kollege Henrik Drake hat es entdeckt. Er arbeitet als Geologe an der Linné-Universität in Växjö.

„Als ich eine der Bohrproben aufsägte, öffnete sich ein Hohlraum. Eine kleine Zeitkapsel, in der vor Millionen von Jahren einmal Pilzmyzel gewachsen war, bis es schließlich versteinerte“, berichtet Henrik Drake.

Die Forscher untersuchten das Fossil äußerst sorgfältig und konnten belegen, dass der Pilz in der kleinen Aushöhlung nicht allein existiert hatte. Er hatte mit Bakterien zusammengelebt, die ihre Energie mithilfe des Wasserstoffgases, das der Pilz absonderte, aus Schwefel bezogen. Doch diese Organismen waren

nicht die ersten Bewohner der kleinen Aushöhlung gewesen. Zuvor hatten dort Archaeen gelebt, wie die Forscher nachweisen konnten.
„Dies ermöglichte dem Pilz überhaupt erst, sich in der Aushöhlung anzusiedeln. Die Archaeen fungierten für ihn als Kohlenstoffquelle“, erklärt Henrik Drake. Einige Wissenschaftler halten die Mikroorganismen im Grundgestein auch für Zombies, weil sie wegen des knappen Nährstoffangebots eher tot als lebendig erscheinen. Doch die schwedischen Forscher konnten belegen, dass dies nicht stimmt. Bisweilen sind sogar tief unten im Grundgestein reichlich Nährstoffe vorhanden – und somit können seine Bewohner aus dem Vollen schöpfen. Einen Beweis dafür liefern Studien aus Dalarna/Mittelschweden.

VON OSKARSHAMN ZUM SILJAN-KRATER

Vor 380 Millionen Jahren schlug auf der Erde ein riesiger Meteorit ein. Er besaß einen Durchmesser von fünf Kilometern und krachte in der heutigen Region Dalarna in Mittelschweden herunter, wo er Europas größten Einschlagskrater, den Siljansring hinterließ. Eine derartige Kollision setzt enorme Energiemengen frei. Beim Einschlag verdampft der Meteorit vollständig und erzeugt einen immensen Druck, der sich bis hinunter in den Erdmantel ausbreitet. Die Erdoberfläche schmilzt, die Bodenschichten vermischen sich miteinander und in der Erdkruste bildet sich ein weitläufiges Netz aus Rissen und Spalten.
Diverse Erdöl- und Erdgasunternehmen bekundeten lange Zeit Interesse am Siljansring. Denn dort sickert an mehreren Stellen Erdöl aus dem Boden. Bereits im 19. Jahrhundert fanden in dieser Region erste Probebohrungen zur Erdölgewinnung statt, allerdings ohne Erfolg. Die Ölmenge im Krater erwies sich als nicht ergiebig genug, um eine gewinnbringende Förderung sicherzustellen. Doch die Hoffnung, dort eventuelle Naturgas-Depots zu finden, genauer gesagt Methangas, hat man noch nicht aufgegeben.
Nach allgemeiner Auffassung entstehen Erdöl und Methangas durch die unvollständige Zersetzung von Tierkadaver- und Pflanzenteilen in sauerstoffarmer

Umgebung unter hohem Druck und Hitze. Der sogenannten *Tiefengas-Theorie* zufolge haben sich jedoch enorme Mengen Methangas durch geologische Prozesse im Erdinneren, anstatt durch die Zersetzung organischer Materie gebildet. Der größte Fürsprecher dieser Tiefengas-Theorie in der Neuzeit war Thomas Gold (1920–2004). Der aus Österreich stammende amerikanische Astrophysiker hielt einen Meteoritenkrater wie den Siljansring für den perfekten Ort, um jene riesigen Gasdepots zu erschließen. Dank der Risse im Grundgestein könnte das Gas weitaus dichter an die Oberfläche gelangen, was laut Gold eine Förderung ermöglichen würde.

Das staatliche Energieunternehmen Vattenfall AB zeigte sich an der Tiefengas-Theorie interessiert, und zusammen mit einer großen Anzahl Privatpersonen wurde Vattenfall zum Teilhaber der Firma Dala Djupgas AB, die im Jahr 1986 Bohrungen in der Mitte des Siljan-Kraters vornahm. Doch nach zwei jeweils sechs Kilometer tiefen Bohrungen war der Plan gescheitert. In diesem Areal gab es schlicht und einfach kein förderbares Erdgas. Anfang der 2000er-Jahre wurden die Arbeiten von einem anderen Unternehmen wieder aufgenommen, diesmal an den Kraterrändern. Und hier kommen Henrik Drake und seine schwedischen Kollegen wieder ins Spiel. Ihnen wurde nämlich Zugang zu den Bohrproben des Gasunternehmens gewährt.

Die Forscher fanden in den Bohrkernen *Kalzit* und *Pyrit*. Diese Minerale werden unter anderem von Sulfat reduzierenden Bakterien und Archaeen gebildet, wodurch es zu einer besonderen Zusammensetzung ihrer Isotope kommt. Durch Auslesen der Isotopenzusammensetzung von Mineralen kann man feststellen, ob diese biologischen oder geologischen Ursprungs sind, und folglich die Frage beantworten, ob Thomas Gold mit seiner Tiefengas-Theorie recht hatte. Die Isotopenzusammensetzung gibt ferner Aufschluss über das Alter der Minerale. Laut den Analysen der Forscher waren die Mikroorganismen im Gestein des Siljansring in einem Zeitraum von vor 80 Millionen Jahren bis vor ungefähr 20 Millionen Jahren höchst aktiv.

„300 Millionen Jahre nach dem Meteoriteneinschlag machten die Mikroorganismen dort unten Party, und die Party dauerte viele Millionen Jahre", scherzt Henrik Drake.

Vermutlich trugen mehrere Faktoren dazu bei, dass die Party überhaupt stattfinden konnte. Nach 300 Millionen Jahren waren die obersten Sedimentschichten im Krater zum großen Teil durch Erosion abgetragen worden, und die Spalten und Aushöhlungen im Grundgestein traten zutage. Dadurch konnte der Regen jegliches salzhaltige Wasser wegspülen, das sich häufig unter Sedimentdecken bildet. Das kam den Mikroorganismen zugute, die sich in allzu salzhaltiger Umgebung unwohl fühlen. Außerdem hatte sich das Grundgestein nach Abfallen des Drucks durch die Sedimentgesteinsschichten angehoben, wodurch die Entfernung vom heißen Erdkern wuchs und die Temperatur in den Spalten und Aushöhlungen auf ein angenehmeres Niveau sank.

Henrik Drake berichtet, dass es sich um eine Epoche der Erdgeschichte mit hoher tektonischer Aktivität handelte. Das heißt, die Kontinentalplatten begannen sich zu verschieben, wobei unter anderem Nordamerika von Eurasien getrennt wurde und der Nordatlantik entstand. Vermutlich waren es diese Bewegungen, die das unterirdische Ökosystem im Siljan-Krater wach rüttelten. Die Risse und Spalten wurden immer größer und füllten sich mit Erdöl und *Bitumen* (einem Erdölprodukt mit ziemlich fester Konsistenz) aus den oberen Sedimentschichten. Höchstwahrscheinlich konnten die Pilze dort unten ihren Kohlenstoff aus Erdöl und Bitumen beziehen – ja, im Felsgestein des Siljansring existieren tatsächlich Pilze.

Henrik Drake schickt mir ein Foto zu. Es zeigt eine versteinerte Pilzhyphe, an deren Ende ein Kügelchen hängt. Diese Hyphe ähnelt stark jener des lebenden Töpfchenpilzes, den die Wissenschaftler aus dem Äspö-Tunnel in Oskarshamn bergen konnten. Myzelbildende Pilze und Töpfchenpilze haben also offenbar gemeinsam in dem sauerstofflosen Milieu gelebt.

Die schwedischen Forscher konnten somit die Annahme widerlegen, dass die Mikroorganismen aus dem Grundgestein verschlafene Zombies seien. Vielmehr läuft das Leben im Felsgestein wohl nur dann auf Sparflamme, wenn das Nährstoffangebot knapp wird. Doch sobald Nachschub kommt, nimmt es wieder Fahrt auf. 300 Millionen Jahre nach dem Meteoriteneinschlag begann

Satellitenbild vom Siljan-Krater

demzufolge eine Epoche der Aktivität, die ganze 60 Millionen Jahre andauerte, bevor dann Schluss war mit lustig.

„Vielleicht hatten die Mikroorganismen und Pilze in den Rissen und Spalten alle leicht zugänglichen Kohlenstoffquellen, also Erdöl und Bitumen, ausgeschöpft", vermutet Henrik Drake.

Nach dem Ende der Party lief das Leben unten im Fels wieder auf Sparflamme. Die Methangas-Depots im Siljansring sind jedenfalls ein eindeutiger Beweis für die Partylaune der Mikroorganismen. Die Forscher haben die Isotope des Gases auf ihre Zusammensetzung hin analysiert und konnten somit aufzeigen, dass die Tiefengas-Theorie falsch ist. Die Gase im Siljan-Krater stammen nicht aus dem heißen Erdinneren.

„Wir konnten zeigen, dass fast alle Methangasvorkommen im Siljansring biologischen Ursprungs sind, und finden keinerlei Beweise für die Richtigkeit von Thomas Golds Theorie", resümiert Henrik Drake.

Diese Entdeckung hat das Interesse der amerikanischen Raumfahrtbehörde NASA geweckt, die schon Methangasvorkommen auf dem Planeten Mars messen konnte. Ist dieses Gas also ebenfalls biologischen Ursprungs? Nächster Halt: der Rote Planet!

VOM SILJAN ZUM MARS

In jüngeren Jahren hatte der Planet Mars eine dichte Atmosphäre, und in seinen Tälern floss Wasser. Die Landschaft erinnerte an jene der Erde, als hier Leben entstand. Es gibt also gute Gründe für die Annahme, dass auch auf dem Mars einmal Leben existiert hat, bevor es irgendwann zum Erliegen kam. Der Mars besaß genau wie die Erde einen Kern aus flüssigen Metallen. Dieser bildete ein gegen Sonnenwinde schützendes Magnetfeld. Doch der Kern ist inzwischen abgekühlt und hat sich verfestigt – und damit ist auch das schüt-

Eine Hyphe aus dem Siljansring. Das Kügelchen stellt vermutlich den Sporenbehälter eines Töpfchenpilzes dar.

zende Magnetfeld verschwunden. Wissenschaftler der NASA vermuten, dass folglich die Sonnenwinde einen Großteil der Atmosphäre des Mars verwehen konnten. Hinzu kam, dass mit der Abnahme des atmosphärischen Drucks auch das ungebundene Wasser verdampfte, und der Mars schließlich zu der roten Steinwüste wurde, die wir heute von Fotos kennen. Kein rational denkender Mensch käme auf die Idee, dass auf der Oberfläche des Mars Leben existiert. Aber wie sieht es im Grundgestein des Planeten aus?

Im Jahr 2012 landete der Rover *Curiosity* auf der Oberfläche des Mars. Curiosity ist ein unbemanntes mobiles Labor, das auf seiner Mission einen riesigen Krater namens *Gale* erforscht. Schon mehrfach konnte Curiosity nachweisen, dass Methangas aus dem Krater entweicht, genau wie aus dem Siljansring. Die schwedischen Wissenschaftler hatten herausgefunden, dass ein Großteil des Methangases im Siljansring von Mikroorganismen aus dem Grundgestein stammt und derlei Organismen-Vorkommen durch Meteoriteneinschläge begünstigt werden können. Deshalb verwundert es nicht, dass internationale Raumfahrtprogramme Interesse am Wissen von Henrik Drake und seinen Forscherkollegen über das mikroskopische Leben im Grundgestein bekunden. „Wenn im Gestein des Planeten Mars jemals Leben existiert hat, kann man es mit unseren Methoden herausfinden", erklärt Henrik Drake.

Im Jahr 2020 hat die NASA einen weiteren Rover auf den Mars geschickt. Man hat ihn *Perseverance* genannt, „Beharrlichkeit", und seine Hauptaufgabe besteht darin, nach Spuren etwaigen Lebens zu suchen. Er ist am 18. Februar 2021 in einem Krater namens *Jezero* gelandet. Der Rover ist mit zahlreichen Messinstrumenten ausgestattet, die das Vorkommen von organischen Molekülen auf der Oberfläche des Mars erforschen sollen. Darüber hinaus ist er mit einer Bohrvorrichtung für die Entnahme von Gesteinsproben ausgerüstet. Diese werden zunächst in hermetisch versiegelten Röhrchen auf dem Mars zurückgelassen und erst bei späteren Missionen zur Erde zurückgebracht. Doch alle Proben werden zuvor an Ort und Stelle fotografiert und untersucht. Die schwedischen Wissenschaftler unterstützen das Vorhaben der NASA, indem sie eine Art Atlas über Mikrofossilien in vulkanischen Gesteinsarten erstellen. „Wenn es je Mikroorganismen auf dem Mars gegeben hat, müssten sie in der-

SELFIE VOM ROTEN PLANETEN

Der Rover der NASA, Curiosity, landete am 6. August 2012 auf der Oberfläche des Mars. Sein Auftrag bestand darin, herauszufinden, ob es je Leben auf dem Planeten gegeben hat. Dieses Foto ist ein Selfie von 2019. Links vom Rover sind zwei Bohrlöcher in der Oberfläche des Mars zu erkennen.

selben Art und Weise versteinert worden sein wie hier auf der Erde. Deshalb glaube ich, dass ein solcher Atlas eine große Hilfe sein könnte. Und da wir die einzigen Forscher weltweit sind, die solche Prozesse untersuchen, hat sich die NASA an uns gewandt“, erklärt Magnus Ivarsson.

Allerdings ist es laut Ivarsson nicht gerade sehr wahrscheinlich, dass sich versteinerte Pilze oder andere Mikroorganismen in den Proben finden werden. Was die Bohrungen betrifft, macht der Rover Perseverance seinem Namen nämlich nicht gerade Ehre, da er nur eine Bodentiefe von wenigen Dezimetern erreicht. Das sei zu wenig, um der starken Strahlung zu entgehen, die jegliches Leben auf der Oberfläche unmöglich macht. Außerdem fänden die Bohrungen an der falschen Stelle statt, wie Magnus Ivarsson erklärt.

„Der Jezero-Krater enstand vor 3,5 Milliarden Jahren. Vermutlich waren die Lebensbedingungen auf dem Mars schon damals zu unwirtlich“, merkt er an.

Laut Ivarsson müsste man bei der Suche nach Leben auf dem Mars schon extrem alte vulkanische Gesteinsschichten in den Blick nehmen. Solche, die sich gebildet haben, als der Planet noch jung und der Erde weitaus ähnlicher war als heute. In jenen Schichten haben die Wissenschaftler schließlich auch auf der Erde Leben entdeckt. Allerdings besteht der Jezero-Krater hauptsächlich aus Sedimentgestein, jenem Gestein, in dem man auf der Erde wiederum häufig Fossilien findet.

Auch die Europäische Weltraumorganisation ESA plant, einen Mars-Rover hinaufzuschicken. Eigentlich hätte er schon im Jahr 2020 dort landen sollen, doch die ESA hatte Probleme mit den für die Landung benötigten Fallschirmen, und das Projekt musste verschoben werden. Es soll nun 2022 stattfinden. Der Rover der ESA erreicht eine Bohrtiefe von ganzen zwei Metern.

„Irgendwo in diesem Bereich verläuft die goldene Grenze für etwaiges Leben. Genauso weit reicht nämlich die schädliche Strahlung hinunter. Aber der Rover der ESA wird vermutlich alle Gesteinsproben zerstören. Man wird also keine Fossilien darin finden können“, erklärt Magnus Ivarsson.

Wie beantworten die Forscher also die Frage, die David Bowie 1971 in seinem Album *Hunky Dory* gestellt hat: „Is there life on Mars?“ Oder hat es dort je Leben gegeben?

„Diese Frage ist wirklich schwer zu beantworten. Aber lassen Sie es mich so formulieren: Die tief unten im Gestein des Mars herrschenden Bedingungen wären im Prinzip dafür geeignet, ein Ökosystem mit einfachen Mikroorganismen am Laufen zu halten, wie wir sie beispielsweise im Fels von Äspö gefunden haben. Wenn wir ein solches System ins Gestein des Mars verpflanzen könnten, würde es höchstwahrscheinlich überleben", sagt Magnus Ivarsson.

Sein Kollege Henrik Drake gibt ebenfalls keine zweifelsfreie Antwort auf Bowies Frage.

„Ich weiß es letztlich nicht. Aber die besten Voraussetzungen für Leben bieten vermutlich tiefe Risse in Schichten des Grundgesteins, in denen auch fließendes Wasser und Gase anzutreffen sind."

Um diese Frage eindeutig klären zu können, wäre es am einfachsten, das an der Oberfläche des Mars entweichende Methangas mit den Methoden der schwedischen Wissenschaftler zu analysieren. Dann könnte man feststellen, ob es von Mikroorganismen stammt oder anderen Ursprungs ist. Doch leider verfügen weder das aktuelle Raumfahrzeug der NASA noch jenes der ESA über die nötige Ausrüstung für derlei Analysen.

VOM MARS ZUM URSPRUNG DES LEBENS

„Wegen dieses Fossils wird man höchstwahrscheinlich einen ziemlich großen Abschnitt im Stammbaum des Lebens neu zeichnen müssen", meint Magnus Ivarsson.

Gerade hat der Forscher im Labor des Naturhistorischen Reichsmuseums ein weiteres Fossil unter die Linse seines Mikroskops gelegt. Dieser kleine Gesteinsbrocken ist in seinen Augen derart außergewöhnlich, dass er so weit geht, von einer völlig neuen Geschichtsschreibung bezüglich des Lebens auf unserem Planeten zu sprechen. Das Fossil stammt aus einem tiefen Bohrloch in einem ausgetrockneten Meeresboden in Südafrika. Die Oberfläche des Steinstücks ist geschliffen und entblößt ein durchsichtiges Mineral. Kalzit, wie Magnus Ivarsson erklärt. Im Inneren des glasartigen Minerals sind dünne Pilzfäden zu erkennen.

Was den Fund so außergewöhnlich macht, ist das Alter des Minerals, das den versteinerten Pilz umschließt: 2,4 Milliarden Jahre. Bekanntlich entstanden die ersten Pilze vor 1,2 Milliarden Jahren, aber dieses Fossil deutet darauf hin, dass das Pilzreich doppelt so alt ist.

Der Pilz innerhalb des Fossils ist nicht nur im wahrsten Sinne steinalt, er besitzt für seine Entstehungszeit auch einen erstaunlich komplexen Aufbau. Nach vorherrschender Meinung waren die ersten, jemals existierenden Pilze frei lebend. Sie trieben im Wasser umher und benötigten keine komplexen Strukturen wie Hyphen und Myzel. Beides bildete sich erst weitaus später, nämlich im Zusammenhang mit der Entstehung der an Land lebenden Pflanzen.

„Lange wurde die Ansicht vertreten, dass die Entwicklung der Pilze eng mit jener der Pflanzen zusammenhing. Als sich die Pflanzen vor ungefähr 500 Millionen Jahren auf den Kontinenten ansiedelten, entstanden auch die myzelbildenden Pilze. Komplexere Strukturen wie Hyphen sah man als eine Folge der Landbesiedelung an. Sie wurden benötigt, um Mykorrhiza, Flechten und dergleichen bilden zu können", erklärt Magnus Ivarsson.

Doch das 2,4 Milliarden Jahre alte Fossil zeigt, dass Pilze schon lange vor der Landbesiedelung der Pflanzen komplexe Strukturen wie Hyphen oder Myzel entwickelten, und zudem noch unter völlig anderen Bedingungen.

„Es hat vielmehr den Anschein, dass ein Großteil der Entwicklung von Pilzen im Grundgestein stattgefunden hat und nicht im Zusammenhang mit Pflanzen. Insofern dient das Myzel auch als ziemlich nützliches Utensil für das Leben in den Aushöhlungen des Gesteins", findet Magnus Ivarsson.

Die neuen Erkenntnisse der Wissenschaftler verändern nicht nur den Blick auf die Entwicklungsgeschichte von Pilzen, sondern letztlich auch auf die aller *Eukaryoten*. So lautet die Sammelbezeichnung für die Organismen mit Zellkern, also jene Gruppe, die Pilze, Pflanzen und Tiere, aber keine Bakterien umfasst. Nach vorherrschender Meinung entstanden die Eukaryoten vor ungefähr 1,9 Milliarden Jahren. Das kleine Pilzfossil zeigt jedoch, dass dieser

Nahaufnahme der 2,4 Milliarden Jahre alten Hyphen im Fossilienfund aus Südafrika.

Zeitpunkt ungefähr eine halbe Milliarde Jahre früher angesetzt werden müsste. Dessen ungeachtet ist dieser kleine Pilz einer der frühesten Funde komplexen mehrzelligen Lebens.

Diese neuen Erkenntnisse sind so aufsehenerregend, dass man sich in Wissenschaftskreisen schwertat, sie zu akzeptieren. Magnus Ivarsson und seine Forscherkollegen veröffentlichten ihre Erkenntnisse in einer angesehenen Fachzeitschrift. Doch sie waren gezwungen, den Pilz in ihrem Artikel als „pilzähnlichen Organismus" zu bezeichnen, sonst wäre dieser wahrscheinlich nicht publiziert worden, wie Magnus Ivarsson anmerkt.

„Rein theoretisch betrachtet, könnte es sich ja auch um eine ausgestorbene Organismengruppe handeln, die den Pilzen zum Verwechseln ähnlich ist. Aber im Prinzip ist das unerheblich. Schließlich zeigt das Fossil, dass Lebewesen schon vor 2,4 Milliarden Jahren komplexe Strukturen wie Hyphen und Myzel ausbilden konnten. Und das finde ich ziemlich abgefahren."

Leben auf anderen Planeten?
Ja, bei Pilzen ist fast alles möglich.

2 | EIN EIGENES REICH

Haben Pilze Sex?

Carl von Linné mochte Pilze nicht. Er war der Auffassung, dass alle auf unserer Erde lebenden Organismen entweder dem Pflanzen- oder dem Tierreich angehören. Doch die Pilze passten nicht recht in sein Weltbild. Aus Frust darüber soll Linné diese als das „wandernde Pack der Flora" bezeichnet haben. In seinem bahnbrechenden, 1753 erschienenen Werk *Species plantarum* ordnete der berühmte schwedische Naturforscher die Pilze dem Pflanzenreich zu, wo sie zusammen mit Farnen, Algen und anderen sogenannten blütenlosen „Pflanzen" eine Gruppe bildeten. Das war natürlich falsch. Pilze gehören weder der Gruppe der Tiere noch der Pflanzen an, sie sind schlicht und einfach Pilze – einzigartige Geschöpfe mit einem eigenen Reich namens *Fungi*.

Heutzutage ist die Wissenschaft der Ansicht, dass Pilze mehr mit Tieren gemeinsam haben als mit Pflanzen. Den stabilisierenden Bestandteil in den Zellwänden von Pilzen, den man *Chitin* nennt, findet man auch in der äußeren Hülle von Insekten und Krebstieren. Eine weitere Ähnlichkeit besteht darin, dass sowohl Tiere als auch Pilze Energie in Form von Glykogen speichern, während es bei Pflanzen Stärke ist. Des Weiteren betreiben Pflanzen Photosynthese – einen genialen Prozess, der es ihnen ermöglicht, Kohlenstoff mittels Sonnenenergie direkt aus der Luft aufzunehmen. Pilze hingegen müssen wie wir Tiere sowohl Kohlenstoff als auch Energie mit der Nahrung aufnehmen.

Der Gesäte Tintling gehört zum „wandernden Pack der Flora".

PILZE LIEBEN ES MORBID

Die Hauptkohlenstoffquelle der Pilze ist Zucker. In der Natur gibt es jedoch wenig ungebundenen Zucker – hier kommen die besonderen zersetzenden Eigenschaften der Pilze ins Spiel: Sie können abgestorbene Pflanzenmaterie in Zucker umwandeln. Doch das ist keine leichte Aufgabe. Die Zuckermoleküle stecken in den festen Zellwänden der Pflanzen, wo sie lange Molekülketten namens *Cellulose* und *Hemicellulose* bilden. Diese Molekülketten sind miteinander verwoben und erinnern an Schnüre, die wiederum zu „Seilen" verflochten sind. Das Ganze ist mit einem Stoff namens *Lignin* verleimt.

Pilze zersetzen Cellulose und Hemicellulose durch die Absonderung von Enzymen. Diese Enzyme werden praktischerweise nach den Substanzen, die sie zersetzen, *Cellulasen* und *Hemicellulasen* genannt. Lignin zu zersetzen, ist eine besonders schwere Aufgabe, für die ein ganzes Arsenal von Enzymen samt reaktiver Stoffe wie Wasserstoffperoxid und freien Radikalen erforderlich ist. Tatsächlich begnügen sich manche Pilzarten damit, nur Cellulose und Hemicellulose zu zersetzen und das Lignin unangerührt zu lassen. Holz, das einer solch unvollständigen Zersetzung unterzogen wird, verfärbt sich braun. Dieser Prozess heißt deshalb auch Braunfäule. Pilze, die auch das Lignin mitzersetzen, hinterlassen eine Holzmasse mit heller, mitunter weißer Einfärbung. Dieser Prozess nennt sich Weißfäule.

Die ersten Weißfäulepilze entstanden vor ziemlich genau 300 Millionen Jahren. Dieser Zeitpunkt fällt mit dem Ende des geologischen Zeitalters Karbon zusammen. Während des Karbon entstanden fast alle fossilen Kohlenstoffe, die der Mensch heute abbaut. Ein internationales Team von Wissenschaftlern hat nachgewiesen, dass Weißfäulepilze verantwortlich für das Ende des Karbonzeitalters waren. Der abbaubare fossile Kohlenstoff bildete sich bei der unvollständigen Zersetzung von organischer Materie. Doch mit der Entstehung der Weißfäulepilze konnte dieser Zersetzungsprozess erheblich verfeinert werden.

Es sieht toll aus, wenn Pilze Pflanzen zersetzen.
Warum würden diese auch sonst verrotten?

Eigentlich schützt Lignin die Cellulose und Hemicellulose gegen Pilzbefall. Als es den Weißfäulepilzen gelang, das Lignin zu knacken, war der Weg auch für alle anderen Arten von Zersetzern frei, um Cellulose und Hemicellulose zu attackieren. Folglich wurde immer weniger abbaubarer Kohlenstoff angereichert. Doch Pilze begnügen sich nicht damit, ausschließlich organische Materie zu zersetzen; sie befallen auch Gestein. Pilzmyzel bohrt sich auf eindrucksvolle Weise in Gesteinsrisse und sondert darin organische Säuren ab, die den Stein verwittern lassen. Dabei werden wichtige Mineralstoffe wie Eisen, Calcium und Phosphor freigesetzt. Einen Teil dieser Stoffe geben die Pilze an ihre Kooperationspartner, die Pflanzen, weiter, mit denen sie gemeinsam Mykorrhiza ausbilden.

DIE EVOLUTION DER PILZE

Im Pilzreich herrscht eine gewisse Unordnung. Noch heute arbeitet man an dessen Untergliederung, der Systematik. Das Pilzreich gliedert sich in diverse Hauptstämme, *Phyla*, deren Anzahl im Verlauf der Forschung mehrfach geändert wurde. Aktuell ist sich allerdings eine Mehrzahl von Wissenschaftlern einig darin, dass innerhalb des Pilzreiches sieben Phyla existieren. Diese werde ich hier aufgreifen (Aber bitte nicht wundern, falls in anderen Schriften mehr oder gar weniger genannt werden).

Die Pilze entstanden vor ungefähr einer Milliarde Jahren (wie schon in Kapitel 1 erwähnt, legen neuere Forschungsergebnisse jedoch ein weitaus höheres Alter nahe). Die ersten Arten waren einzellig und lebten im Wasser. Ihre Sporen konnten sich mithilfe von winzigen haarähnlichen Fortsätzen, sogenannten *Geißeln,* fortbewegen, sie konnten also „schwimmen". Diese Lebensweise haben einige Pilze in den heute existierenden Phyla beibehalten, wenn auch in variierender Ausprägung, insbesondere in den Stämmen *Blastocladiomycota* und *Chytridiomycota.*

Die ersten Landpilze entstanden vor 500 bis 700 Millionen Jahren. Dieser evolutionäre Quantensprung erforderte große Anpassungen. Die Pilze entwickelten Myzel, und die frei schwimmenden Sporen verschwanden. Innerhalb des Stammes *Zoopagomycota* entstanden zersetzende Pilzarten, und einige Pilze begannen mit Pflanzen zusammenzuarbeiten. Mykorrhiza wurde innerhalb der Stämme *Mucoromycota* und *Glomeromycota* ausgebildet, die auch die Flechten hervorbrachten. Einige Wissenschaftler sehen die Mykorrhiza deshalb als eine der wichtigsten Voraussetzungen für die erfolgreiche Landbesiedelung von Pflanzen und Pilzen an.

Pilze mit großen Fruchtkörpern, also jene, die man heutzutage im Wald sieht, gehören zwei verschiedenen Phyla an: *Basidiomycota* – dieser Stamm beinhaltet die meisten Speisepilze – und *Ascomycota*. Zum Entstehungszeitpunkt beider Stämme hatten die meisten Pilze ihre Lebensweise bereits angepasst, auch wenn diese innerhalb der Stämme noch weiter optimiert wurde. Beispielsweise bilden Pilze des Phylums Basidiomycota eine besonders fein mit den Bäumen des Waldes abgestimmte Mykorrhiza aus (was in Kapitel 3 näher beschrieben wird).

Die Arten innerhalb eines Phylums können jedoch völlig verschieden aussehen und äußerst unterschiedliche Lebensweisen entwickeln. Eine Einladung zum Abendessen kann ein Beispiel dafür geben.

Stellen Sie sich ein Drei-Gänge-Menü vor. Als Vorspeise wird ein Toast serviert. Der Teig für das entsprechende Weißbrot hat mithilfe von Kohlendioxid gegärt, ein Abbauprodukt des Stoffwechsels von einzelligen Pilzen, die man Hefe nennt. Der Alkohol im Weißwein, der zum Toast gereicht wird, ist ebenfalls ein Abbauprodukt des Stoffwechsels der Hefepilze. Nehmen wir an, dass das Steak zum Hauptgericht von einer Morchelsoße begleitet wird. Für diese Soße ist genau genommen

DIE GENAUE ANZAHL ALLER PILZARTEN IST UNBEKANNT

Ungefähr 100.000 Pilzarten sind bislang wissenschaftlich beschrieben und benannt worden. In jedem Jahr kommen ungefähr 1.200 neue Arten dazu. Eine Berechnung aller noch zu entdeckenden Arten ist nahezu unmöglich. Vorsichtigen Schätzungen zufolge könnte die Anzahl bei 1,5 Millionen liegen. Demnach würde es noch mindestens 1.100 Jahre dauern, bis alle beschrieben und benannt wären. Aktuell existieren ungefähr 400.000 bereits beschriebene und benannte Pflanzenarten, womit im Pilzreich aller Voraussicht nach eine größere Artenvielfalt herrscht als im Pflanzenreich. Gegen das Tierreich mit seinen bislang rund 1,3 Millionen bekannten Arten fällt es allerdings deutlich ab.

NACH HUMMER SCHMECKENDER LÖWE

Der Igel-Stachelbart (*Hericium erinaceus*) *ist eine von 100.000 benannten Pilzarten und ein eindrucksvoller Beweis für die Vielfalt im Reich Fungi. Dieser Speisepilz (!) wird auch Löwenmähne genannt und soll bei fachmännischer Zubereitung nach Hummer schmecken. Man findet ihn häufig an Stämmen von Laubbäumen. In Schweden und Deutschland steht er allerdings auf der Roten Liste.*

nicht der Pilz an sich verwendet worden, sondern dessen Fortpflanzungsorgan, der Fruchtkörper. Der Hauptteil der Morchel breitet sich in Form eines feinmaschigen Netzwerkes namens Myzel in der Erde aus. Wenn das Menü schließlich mit einer Käseplatte abgerundet wird, lässt sich noch eine weitere Pilzart abhaken, nämlich der Schimmel, der auf der Oberfläche von Dessertkäse wie Brie, Roquefort oder Camembert wächst. Selbst Schimmelpilze bilden Myzel und Fruchtkörper aus, wenn auch mikroskopisch kleine.

Hefe, Schimmel und Großpilze wie Morcheln sehen zwar völlig verschieden aus und haben zudem ganz unterschiedliche Lebensweisen, gehören aber dennoch alle drei dem Phylum Ascomycota an. Dieses Phylum umfasst alle Schlauchpilze. An dieser Stelle will ich mich jedoch nicht weiter in die Systematik des Pilzreichs vertiefen, sondern vielmehr die unterschiedlichen Lebensweisen der Pilze in den Blick nehmen. Deshalb werden in diesem Kapitel die Großpilze sowie Schimmel- und Hefepilze eingehender beschrieben.

GROSSPILZE

Zu den Großpilzen gehören alle Pilzarten mit sichtbaren Fruchtkörpern. Ihr Fruchtkörper ist der aus dem Erdreich ragende Teil, den man beim Pilzesammeln erntet. Also genau das, was wir im Alltag als Pilz bezeichnen. Aber im Prinzip ist der Fruchtkörper nur ein Auswuchs des in der Erde befindlichen Myzels. Dieses bildet ein weitverzweigtes, feinmaschiges Netzwerk aus Pilzzellen, das sich über große Flächen ausbreitet. Die einzelnen Fäden des Myzels nennt man Hyphen. Sie bestehen aus einer einzigen Zellreihe und sind deshalb extrem filigran. Doch dank des Chitins in den Zellwänden sind die Fäden verhältnismäßig stabil.

Aber wie sieht es dort unten im Boden, wo das Myzel wächst, eigentlich aus? Kann man es mit bloßem Auge erkennen? Es gibt nur eine Möglichkeit, um das

Folgende Doppelseite: *Cookeina tricholoma* – eine von vielen bildschönen Schlauchpilzarten.

herauszufinden: Ich schnappe mir einen Spaten und begebe mich zusammen mit einer erfahrenen Pilzexpertin hinaus in den Wald.
Südöstlich der Stadt Uppsala liegt ein Waldgebiet namens Lunsen. Dort treffe ich mich mit der Wissenschaftlerin und Pilzexpertin Karina Clemmensen von der Schwedischen Universität für Agrarwissenschaften. Wie üblich herrschen geteilte Meinungen über das Wetter. Der schwedische Wetterdienst behauptet, es sei heiter bis leicht bewölkt und windstill. Ich hingegen empfinde den Wind vor Ort als ziemlich stark. Und außerdem schüttet es wie aus Eimern.
Wir machen uns auf in den Wald, wo mir Karina Clemmensen zeigt, wie man das Myzel im Boden am besten ausfindig machen kann.
„Man sucht sich einen Felsstein, der mit einer dünnen Erdschicht bedeckt ist. Dann löst man diese Schicht mit dem Spaten und klappt sie vorsichtig um wie eine Decke“, erklärt sie.
Das an der Unterseite der Erdschicht sichtbar werdende Myzel erinnert an ein feinmaschiges Spinnennetz. Obwohl das Myzel ziemlich filigran aussieht, enthält es eine enorme Menge von Pilzfäden, also Hyphen. Ein Kilo Erde kann Hyphen mit einer Gesamtlänge von bis zu 600 Kilometern enthalten. Da diese jedoch nur aus einer einzigen Zellreihe bestehen, sind die einzelnen Hyphen mit bloßem Auge nicht erkennbar. Das, was man sieht, sind miteinander verwobene Hyphenstränge.
Unter der bemoosten Erdschicht verlaufen zarte, verästelte Baumwurzeln über den entblößten Stein. Die Wurzelspitzen sind von einem Flaum umgeben, der an Zuckerwatte erinnert.
„Das ist Mykorrhiza“, erläutert Karina Clemmensen.
An manchen Stellen bildet das Myzel etwas dichtere Strukturen aus, die wie Wurzeln aussehen. Man nennt sie Rhizomorphen.
„Die Kunst der Mykorrhiza-Pilze besteht darin, wertvolle Zuckerquellen, also die Bäume, mit wertvollen Nährstoffquellen im Boden zu verbinden, auf die sowohl Pilz als auch Baum angewiesen sind. Beispielsweise ein totes Insekt, das

Mykorrhiza hat einen maßgeblichen Anteil an der Aufrechterhaltung des Waldökosystems.

der Pilz zersetzen kann, um daraus Stickstoff zu gewinnen. Aber da der Abstand zwischen diesen Quellen manchmal ziemlich groß ist, fungieren die Rhizomorphen als verbindendes Leitungssystem", verdeutlicht Karina Clemmensen. Weiter kommt sie mit ihrer Beschreibung des unterirdischen Pilznetzwerkes nicht, denn plötzlich stürmt ein großer, pitschnasser Hund auf uns zu und will uns freudig begrüßen. Aufgeregt bellend zerreißt er mit seinen Pfoten die Mykorrhiza und überhört dabei demonstrativ jegliche Kommandorufe seines Herrchens. Im Wald findet offensichtlich gerade das Training einer Hundeschule statt – und wie es scheint, muss dieser Teilnehmer bis zur Abschlussprüfung wohl noch einiges lernen. Außerdem wird der Regen immer heftiger. Ich verabschiede ich mich von Karina Clemmensen und fliehe nach Hause auf mein Sofa, wo dieses Buch entstanden ist.

DAS KOMPLIZIERTE SEXLEBEN DER PILZE

Wie vermehren sich Pilze eigentlich? Die zutreffendste Antwort lautet wohl: auf jede denkbare Art und Weise! Pilze vermehren sich sowohl geschlechtlich als auch ungeschlechtlich, doch darüber hinaus gibt es viele verschiedene Varianten beider Formen. Lassen Sie mich Ihnen ein bereits vertrautes Phylum vorstellen: die Ständerpilze (*Basidiomycota*). Dieses Phylum enthält zahlreiche bekannte Arten von Hutpilzen wie Blätterpilze, Röhrlinge, Baumpilze, Pfifferlinge und Reizker. Die meisten Speisepilze, aber auch viele gewöhnliche Giftpilze, beispielsweise die Fliegenpilze, gehören diesem Stamm an.

Die geschlechtliche Fortpflanzung der Ständerpilze umfasst viele verschiedene Stadien und lässt sich gar nicht so einfach beschreiben. Sie beginnt jedenfalls im Erdreich, wenn zwei Pilzfäden von unterschiedlichen Myzelien aufeinanderstoßen. Diese Fäden entsprechen zu einem gewissen Teil unseren menschlichen Keimzellen und besitzen genau wie diese nur einen einzigen Chromosomensatz. Während der Befruchtung bilden sich Zellen mit paarweise angeordneten Chromosomen, eines von jeder elterlichen Zelle. Bei Pilzen gibt es natürlich keine Männchen und Weibchen, aber unterschiedliche Paarungstypen. Einige

Arten weisen zwei auf, andere wiederum vier und manche verfügen sogar über mehrere Tausend verschiedene Paarungstypen.

Wenn die beiden Pilzfäden in der Erde Gefallen aneinander finden, wachsen sie zusammen und bilden einen gemeinsamen Pilzfaden. Dieser Akt stellt die eigentliche Befruchtung dar. Man könnte meinen, dass jetzt die Zellkerne der beiden Individuen miteinander verschmelzen, um wie bei den meisten anderen Organismen Zellen mit paarweisen Chromosomen auszubilden. Doch weit gefehlt, Ständerpilze bilden Zellen mit zwei Zellkernen mit jeweils einfachen Chromosomensätzen aus anstelle eines Kerns mit doppeltem Satz. Dies ist ein weiteres Beispiel für die Einzigartigkeit der Pilz-Geschöpfe.

Die neue Hyphe mit doppelten Zellkernen wächst allmählich heran und ersetzt nach und nach die älteren Abschnitte des Myzels mit einzelnen Zellkernen, bis letztendlich das gesamte Pilzmyzel aus Zellen mit doppelten Kernen besteht. Genau genommen ist erst jetzt ein neues Pilzindividuum entstanden.

Wenn im Spätsommer die Pilzsaison beginnt, verdichtet sich das Myzel des neuen Pilzindividuums und lässt Fruchtkörper, also „Pilze" aus dem Erdreich sprießen. Die Hyphen entwickeln bei der Ausbildung des Fruchtkörpers kleine Knospen, *Basidien*, deren Zellkerne miteinander verschmelzen und herkömmliche Zellen mit paarweisen Chromosomen ausbilden. Doch dieses Stadium währt nicht besonders lange. Die Zellen durchlaufen nämlich eine klassische Keimzellteilung, wobei im Inneren der Basidien Keimzellen mit nur einem Chromosomensatz gebildet werden. Diese Zellen entwickeln sich zu Sporen, die irgendwann keimen und schließlich neue Hyphen und Myzel hervorbringen – womit sich der Kreis schließt.

Oberflächlich betrachtet weisen die Samen der Pflanzen eine große Ähnlichkeit mit den Sporen der Pilze auf. Erst bei genauerem Hinsehen stellt man fest, dass sie höchst unterschiedlich sind. Ein Samenkorn ist das Ergebnis einer Befruchtung, also ein kleiner Keimling, aus dem nach erfolgreicher Keimung ein neues Individuum entstehen kann. Pilzsporen erinnern in ihrem Aufbau jedoch mehr an unsere menschlichen Keimzellen. Sie besitzen einen halben Chromosomensatz und müssen mit einer anderen Keimzelle verschmelzen, um sich genetisch zu vervollständigen. Die Fruchtkörper können deshalb auch

PILZE PUMPEN SICH AUF

Wer jemals Pilze gebraten oder gedünstet hat, war vermutlich überrascht angesichts der großen Wassermenge, die sie enthalten. Doch genau das erklärt, warum sie so rasch aus dem Boden sprießen können – an einem Tag kein einziger Pilz und am nächsten massenweise Pilze! Die Fruchtkörper wachsen zwar bis zu einem gewissen Grad durch die Ausbildung neuer Zellen, doch darüber hinaus sind sie auch zu einer Art hydraulischem Wachstum fähig. Das funktioniert ungefähr so, als würde man einen Luftballon mit Wasser füllen. Wenn die Wasserversorgung also sichergestellt ist und auch die übrigen Umstände passen, können selbst kleine Pilze derart große Mengen Wasser aufnehmen, dass sich ihr Volumen innerhalb weniger Stunden vertausendfacht. Und das lässt sie aus der Erde schießen wie, tja, eben wie Pilze aus dem Boden.

als eine Art Geschlechtsorgan angesehen werden, das massenweise Keimzellen ausstößt. Doch im Unterschied zu den menschlichen Keimzellen müssen die Keimzellen der Pilze (die Sporen) erst aufkeimen und heranwachsen, bevor die Befruchtung stattfinden kann.

Sex bei Pilzen ist also eine recht knifflige Angelegenheit. Nicht zuletzt auch deshalb, weil jede Pilzgruppe ihre eigene Variante hat. Eine komplette Übersicht zu diesem Thema würde ein ganzes Buch füllen, doch da das vorliegende nun mal nicht den Titel „Das Sexleben der Pilze" trägt, möchte ich das oben Beschriebene der Einfachheit halber so zusammenfassen: Zwei Pilzfäden stoßen in der Erde aufeinander und wachsen bei gegenseitigem Gefallen zusammen. Diese Art von Liebeserklärung führt schließlich zur Bildung von Fruchtkörpern, die daraufhin Sporen verbreiten. Punkt.

Nachdem das geklärt ist, muss allerdings eingeräumt werden, dass Pilze nicht unbedingt immer Sex haben müssen, um sich zu vermehren. Sie können auch genetische Kopien ihrer selbst, also *Klone* bilden, sogar auf ganz unterschiedliche Weise. Teile des Myzels können zum Beispiel abgestoßen und sich selbst überlassen werden, was man *Fragmentierung* nennt. Eine andere Variante ist die *Knospung*, wobei eine einzelne Zelle stark anschwillt, bis sich in ihrer Zellwand eine Ausbuchtung bildet. Diese Ausbuchtung bringt schließlich eine neue Zelle hervor, die sich vom Myzel abspaltet und keimt. Pilze können übrigens auch Sporen produzieren, ohne Sex zu haben. Diese ungeschlechtlichen Sporen sind genetische Kopien des „Mutterpilzes" und werden von speziellen, je nach Pilzart unterschiedlich aussehenden Hyphen gebildet.

ENORME MENGEN AN SPOREN

Ein ganz gewöhnlicher Champignon kann im Lauf eines Tages an die drei Milliarden Sporen ausstoßen. Das mag auf den ersten Blick viel erscheinen, doch für Pilze ist das eine recht bescheidene Menge. Berichten zufolge wurde bei einem Baumpilz, einem festen Pilz, der auf Baumstämmen wächst, ein Ausstoß von 1.000.000.000.000.000 Sporen innerhalb eines Tages gemessen, also eine Billiarde. Eine gigantische Zahl, wobei allerdings angemerkt werden muss, dass dieser Baumpilz riesig war. Er wog ganze 500 Kilo.

Nicht nur die enorme Sporenmenge von Pilzen ist beeindruckend, sondern auch die Art und Weise ihrer Verbreitung. Pilze können ihre Sporen mithilfe eines Mechanismus wegschleudern, der wie ein Katapult funktioniert. Bei den Ständerpilzen haften die Sporen an einem dünnen Schaft. Während sie reifen, sondern sie Zucker ab, der das Wasser aus der Luft anzieht. Folglich bildet sich auf dem Schaft ein Wassertropfen. Wenn dieser so groß ist, dass er mit der Oberfläche der Spore in Berührung kommt, nimmt seine Oberflächenspannung abrupt ab, und er platzt. Dabei wird so viel Energie freigesetzt, dass die Spore aus dem Fruchtkörper herausschießt und vom Wind weggetragen werden kann. Eine Pilzspore hat normalerweise einen Durchmesser von einigen Mikrometern und wiegt weit unter einem Mikrogramm. Deshalb kann ein derart winziger Organismus bei Windstille bis zu einer Viertelstunde benötigen, um einen Meter an Höhe zu verlieren, sprich zu Boden zu segeln. Da die Luft jedoch nur selten völlig still steht, können selbst kleinste Verwirbelungen die Sporen in einem großen Umkreis verbreiten.

Die meisten Pilzsporen werden durch den Wind verbreitet, doch es gibt auch Ausnahmen. Trüffel zum Beispiel bilden ihre Fruchtkörper unter der Erde aus. Diese locken mittels starker Duftstoffe Wildschweine und andere Tiere an. Die Tiere fressen sie und sondern die Sporen über ihre Ausscheidungen ab. Andere Pilze verbreiten ihre Sporen über Insekten. Auch sie benutzen Duftstoffe als Lockmittel, doch es gibt auch Arten, die Licht einsetzen. Ja, fluoreszierende Pilze existieren tatsächlich, beispielsweise *Neonothopanus gardneri*, eine im Brasilianischen Regenwald vorkommende Art. Seine Fruchtkörper strahlen nachts ein starkes grünes Licht ab. Aufgrund der extrem dichten Vegetation im Regenwald herrscht in unmittelbarer Nähe zum Boden, wo der Pilz wächst, häufig Windstille. Vermutlich verbreitet er deshalb seine Sporen vorzugsweise mittels Insekten.

Omphalotus japonicus wächst in Ostasien und ist sowohl giftig als auch fluoreszierend.

Berechnungen zufolge stoßen alle Pilze weltweit zusammengenommen jedes Jahr 50 Millionen Tonnen Sporen in die Atmosphäre aus. Das entspricht dem Gewicht der in Schweden jährlich ausgestoßenen Treibhausgase. Und weil in den Regenwäldern um den Äquator massenweise Pilze wachsen, fallen dort natürlich auch entsprechend große Sporenmengen an. Nach Ansicht mancher Wissenschaftler fungieren diese Sporen als *Aerosole*, also als feuchtigkeitsbindende Partikel in der Atmosphäre, die häufig zur Bildung von Regenwolken beitragen. Laut dieser Theorie verändern die Pilze sogar das Klima. Sie tragen also zum Anstieg der Niederschlagsmenge bei, von der sie letztlich abhängig sind, um wachsen zu können.

ORIGINELLE FRUCHTKÖRPER

Der klassische Hutpilz, den man im Wald antrifft, ist nur eine von vielen Fruchtkörpervarianten bei Großpilzen. Hutpilze gehören zu den Ständerpilzen und lagern ihre Sporen in kleinen Taschen an der Unterseite des Hutes. Boviste oder sogenannte Stäublinge gehören ebenfalls zu den Ständerpilzen. Sie verführen schlichtweg dazu, ihre Fruchtkörper zu zertreten, weil sie dann ihrem Namen alle Ehre machen. Und eigentlich ist das auch gar nicht so verkehrt, zumindest wenn sie reif sind. Damit unterstützt man nämlich die Verbreitung ihrer Sporen. Ein Teil dieser Stäublinge kann sogar recht groß werden. Im Jahr 1997 hat man in Stockholm auf der Insel Djurgården überraschend einen zehn Kilo schweren Stäubling mit einem Durchmesser von 70 Zentimetern entdeckt. Ein schwedischer Rekord. Doch um genau zu sein, gehörte dieser Rekord-Pilz rein territorial betrachtet zu Spanien. Er wuchs nämlich im Garten der Spanischen Botschaft. Dennoch ist dieser „spanische" Riesenpilz ein Zwerg verglichen mit den Fruchtkörpern, die vor ungefähr 400 Millionen Jahren auf der Erde wuchsen. Damals existierten auf unserem Planeten Pilze mit bis zu

Hat gerade jemand „Prost" gesagt? Die Fruchtkörper der Gattung *Cookeina* lassen an Rosé-Champagner denken.

acht Meter hohen Fruchtkörpern. Diese bemerkenswerte Pilzgattung nennt sich *Prototaxites*. Mit etwas Fantasie kann man sich vorstellen, wie die Dinosaurier an diesen Giganten knabberten. Doch in Wirklichkeit gab es damals noch gar keine Dinosaurier und übrigens auch keine Bäume. Diese Pilze waren in jener Periode die weitaus größten an Land lebenden Organismen, und sie dominierten die Landschaft zumindest rein optisch.

SCHIMMELPILZE

Schimmelpilze erinnern ein wenig an geschrumpfte Großpilze. Sie besitzen sowohl Myzel als auch Fruchtkörper, wenn auch winzig kleine. Dennoch sind sie oftmals mit bloßem Auge erkennbar. Das, was man in der Alltagssprache Schimmel nennt – dieser weiße, grüne, blaue oder schwarze Flor auf der Oberfläche von beispielsweise Brotscheiben oder Hauswänden – ist das Myzel unterschiedlicher Schimmelpilzarten.
Pinselschimmel hingegen ist eine sehr bedeutsame Pilzgattung, wie seine lateinische Bezeichnung offenbart: *Penicillium*. Mithilfe dieser Gattung werden nämlich diverse Antibiotika wie Penicillin hergestellt. Die als Antibiotika eingesetzten Arten sondern Enzyme ab, um die Zellwände von Bakterien zu zerstören (worauf ich in Kapitel 4 näher eingehen werde). Pinselschimmel wird jedoch nicht nur zur Antibiotikaherstellung, sondern auch zur Produktion von verschiedenen Schimmelkäsesorten genutzt. Jeder Käse wird mit einer anderen Art behandelt, und es lässt sich unschwer erraten, welche Käsesorten mit den Arten *Penicillium camemberti* oder *Penicillium roqueforti* geimpft werden. Selbst bei der Käseherstellung macht man sich also die zersetzende Fähigkeit der Pilze zunutze. Sie sorgt letztlich dafür, dass der Käse von außen beziehungsweise innen schimmelt.
Schimmelpilze vermehren sich überwiegend ungeschlechtlich. Geschlechtliche Fortpflanzung kommt zwar auch vor, aber eher selten.

Naturschönheit – Schimmel auf einer Zitrone.

HEFEPILZE

Hefe ist die Bezeichnung für einzellige Pilze, die allein statt in Gruppen leben. Sie vermehren sich für gewöhnlich durch Knospung. Im Vergleich zu vielen anderen Pilzarten sind Hefepilze sehr speziell. Sie als Opportunisten zu bezeichnen, ist vielleicht nicht ganz korrekt, aber Tatsache ist, dass sie sich ihrer Umgebung anpassen. Hefepilze leben optional im Wasser, können sich jedoch auch an Oberflächen heften und dort eine Art Myzel ausbilden. Sie sind also in der Lage, ihre Gestalt zu ändern. Darüber hinaus gibt es aber auch Arten, die die Fähigkeit verloren haben, Hyphen zu bilden, und deshalb in einem flüssigen oder halb flüssigen Milieu wie in Fruchtsäften oder in den Schleimhäuten von Tieren leben.

Die zum Backen oder Brauen verwendete Hefepilzart trägt den Namen *Saccharomyces cerevisiae*, oder schlicht und einfach Backhefe. Sie kann sich ungeschlechtlich durch Knospung, aber auch geschlechtlich vermehren. Bei der Backhefe gibt es zwei Arten von Paarungstypen. Beide locken ihre Partner durch die Absonderung von Pheromonen, sogenannten Sexualduftstoffen an.

MEHR ALS NUR ZERSETZER

Die Fähigkeit der Pilze, tote organische Materie zu zersetzen, ist wie gesagt sehr bedeutsam. Doch längst nicht alle Arten sind Zersetzer. Im Gegenteil, eine Vielzahl von Pilzen ernährt sich von lebenden Organismen – sie sind Parasiten. Die meisten von ihnen befallen Pflanzen. Die Spore eines parasitären Pilzes, die auf einer geeigneten Pflanze landet, keimt und entwickelt sich zu einer kleinen Hyphe. Diese wächst so lange an der Oberfläche der Pflanze, bis es ihr gelingt, in sie einzudringen, beispielsweise durch die Poren auf den Blattoberflächen. Einmal ins Innere eingedrungen, bildet der Pilz in den Pflanzenzellen ein Myzel aus, über das er die Nährstoffe direkt aufnehmen kann. Rostpilze leben beispielsweise so. Allerdings können sie damit große Schäden für den Menschen anrichten, weil sie unter anderem die Ernten der Bauern befallen. In

Kapitel 5 werde ich näher auf die Rostpilze und andere problemverursachende Schmarotzer eingehen.
Pilze können auch Tiere befallen. Insekten sind diesbezüglich besonders anfällig. Das mag merkwürdig klingen, weil gerade Insekten im Allgemeinen als wendig und schnell gelten. Also wie gelangen die Pilze an sie heran? Ein Trick, den Pilze innerhalb der Gattung *Septobasidium* anwenden, besteht darin, Blattläuse und andere Pflanzensauger anzuzapfen und ihnen die Pflanzensäfte zu entziehen. Diese Insektenarten bewegen sich nur selten vom Fleck, was die Pilze ausnutzen. Sie bohren vorsichtig speziell ausgebildete Hyphen in die Insektenkörper und nehmen damit die Nährstoffe auf, allerdings ohne die Insekten zu töten. Da Pflanzensauger oft große Kolonien bilden, hüllen die Pilze diese mit ihrem Myzel oftmals vollständig ein, sozusagen als Schutz gegen weitere Angreifer. Somit fallen nur einige wenige Pflanzensauger den Pilzen zum Opfer, während die restliche Kolonie unbeschadet bleibt.
Eine in diesem Zusammenhang recht interessante Pilzart, die in Schweden und der gesamten Nordhemisphäre vorkommt, ist die Puppen-Kernkeule. Dieser Großpilz besitzt einen wenige Zentimeter hohen, keulenförmigen gelborangen Fruchtkörper. Das Myzel der Puppen-Kernkeule befällt Insektenpuppen im Boden, wobei es in die Puppe eindringt und die wehrlose Insektenlarve von innen heraus verspeist.
Die meisten Pilze benötigen Sauerstoff zum Überleben. Doch keine Regel ohne Ausnahme. Es gibt auch Pilzarten, die mit wenig Sauerstoff auskommen, und solche, die sowohl mit als auch ohne leben können. Bei der Herstellung von Alkohol macht man sich den Umstand zunutze, dass Backhefe in der Lage ist, Zucker in einem sauerstofflosen Milieu zu zersetzen. Als Abbauprodukte entstehen Alkohol und Kohlendioxid. In sauerstoffreicher Umgebung hingegen bilden sich stattdessen Kohlendioxid und Wasser. Es gibt jedoch Pilze, die durch Anpassung nur in sauerstoffloser Umgebung leben und dementsprechend *anaerob* sind. Ein solches Milieu findet man in den Mägen von Wiederkäuern vor. Der Pansen von Kühen ist zwar ein sauerstoffarmer und ziemlich unwirtlicher Ort, aber er bietet dennoch vielen verschiedenen Pilzen ein Zuhause. Gemeinsam mit Bakterien und anderen Mikroorganismen zersetzen diese Pilze die von den

Wiederkäuern gefressene faserreiche Pflanzenmaterie. Das setzt Nährstoffe frei, die sowohl von den Mikroorganismen als auch den Wiederkäuern verwertet werden können. Im Magen von Kühen, Elchen, Giraffen und anderen Wiederkäuern haben die Pilze unbegrenzten Zugang zu Nährstoffen und vermehren sich dementsprechend rasch, aber sie sterben auch in rasantem Tempo wieder ab, unter anderem wegen der ätzenden Magensäure. Die abgestorbenen Pilze werden daraufhin von ihrem Wirtstier zersetzt und gewährleisten so dessen Versorgung mit wichtigen Aminosäuren und Vitaminen aus den Pilzzellen. Dies ist ein Beispiel für *Mutualismus*, eine Zusammenarbeit zwischen unterschiedlichen Organismen. Pilze sind in der Tat Meister der Zusammenarbeit – lesen Sie mehr darüber im nächsten Kapitel.

Die Puppen-Kernkeule (*Cordyceps militaris*) ist ein Parasit, der von Insektenpuppen im Boden lebt. Er verzehrt sie bei lebendigem Leibe.

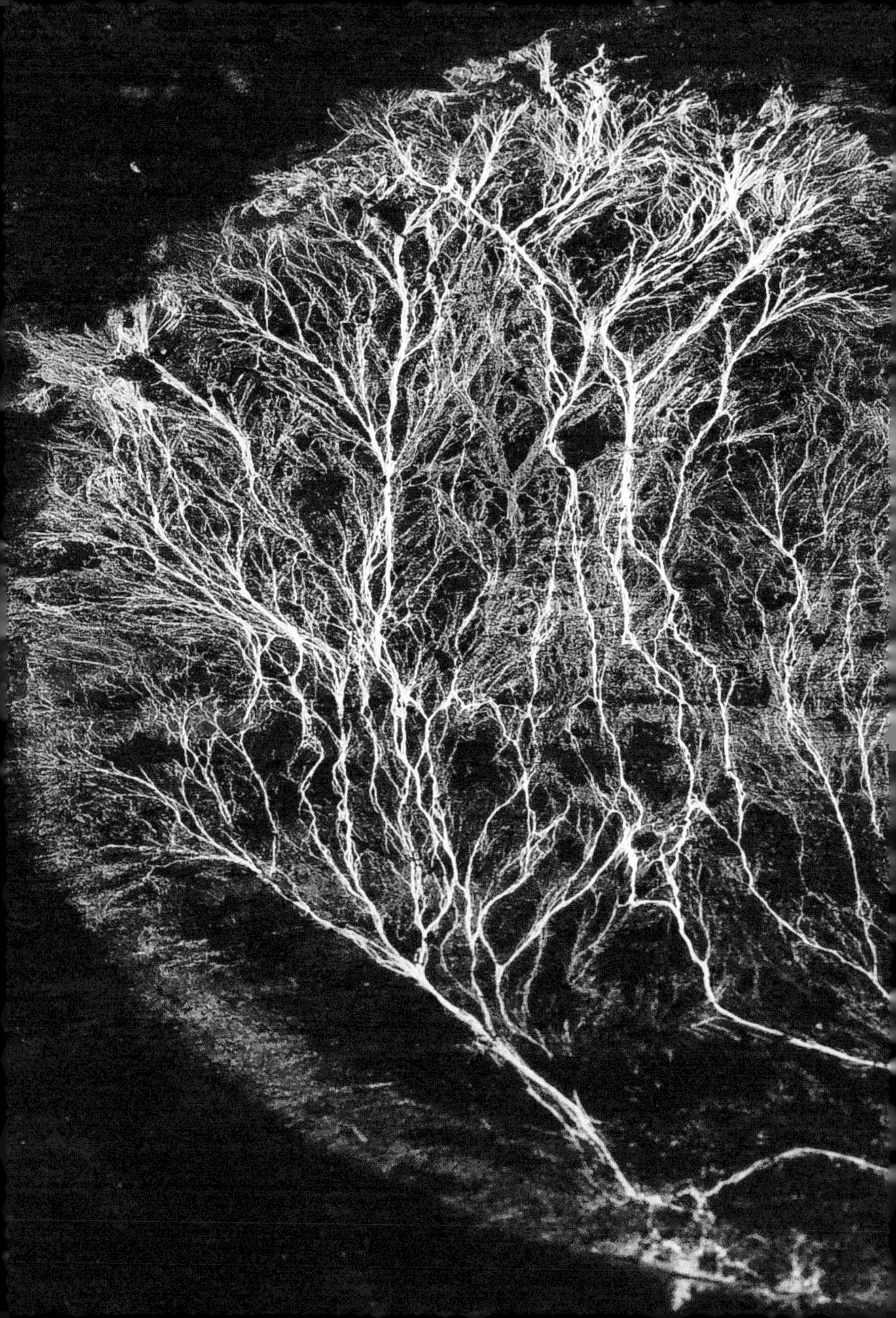

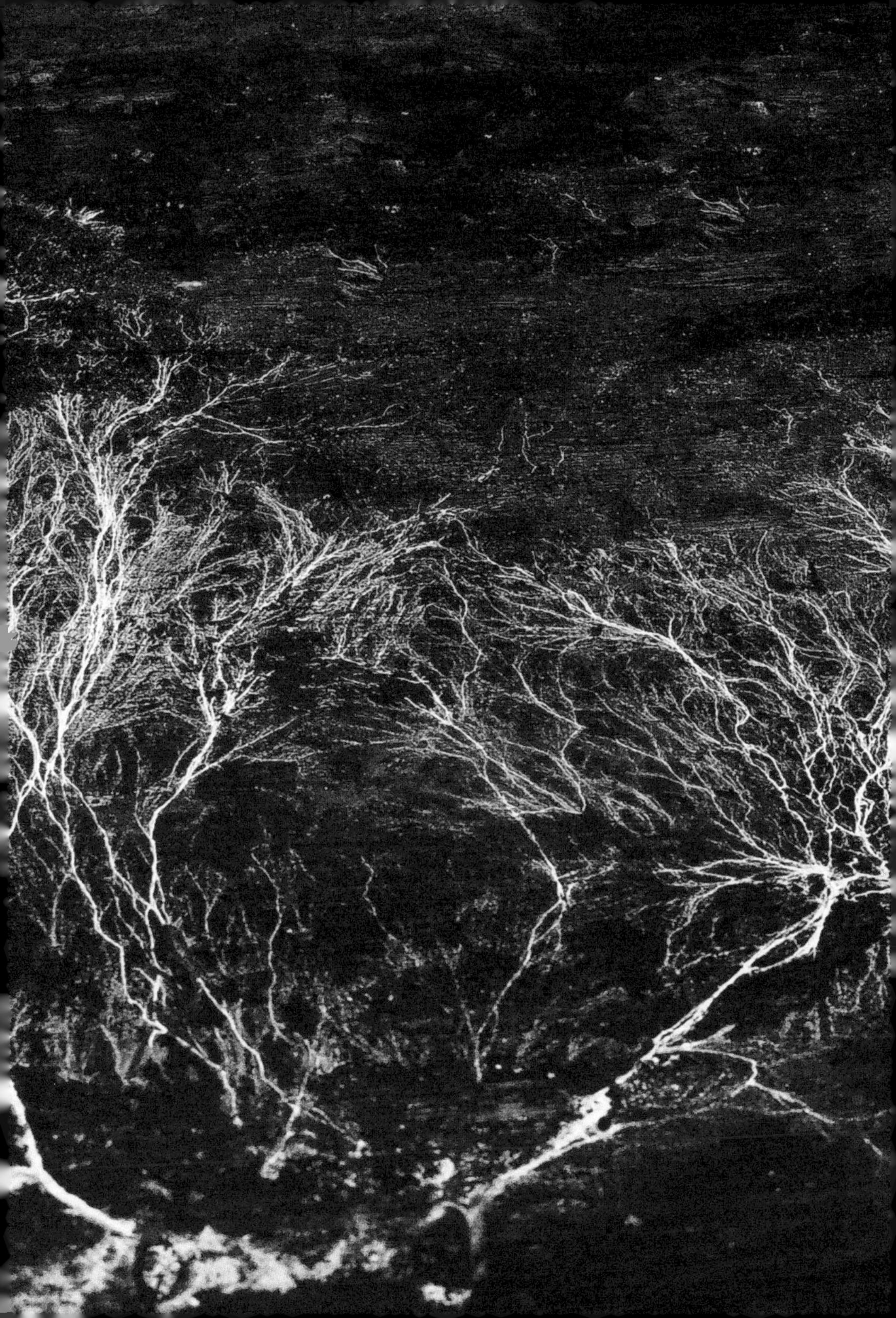

3 | MEISTER DER ZUSAMMENARBEIT

Sprechen Pilze und Bäume dieselbe Sprache?

Jeder, der Geschwister hat, weiß, dass die Grenze zwischen Zusammenarbeit und erbittertem Streit hauchdünn sein kann. Anfänglich macht man in der Hoffnung auf eine Belohnung noch gemeinsame Sache, räumt beispielsweise zusammen das Zimmer auf. Doch sobald alles erledigt ist und die Belohnung ausgehändigt wurde, sagen wir eine Tafel Schokolade, versucht das ältere Geschwisterkind, die ganze Tafel an sich zu reißen. In der Natur läuft die Zusammenarbeit ganz ähnlich. Sie folgt dem Gesetz des geringsten Widerstandes. Sobald sich einer der Beteiligten einen Vorteil verschaffen kann, gerät das Gleichgewicht ins Wanken und die ehemals mutualistische Beziehung wird gegebenenfalls von einer parasitären abgelöst, wobei einer den anderen ausnutzt.

Pilze arbeiten mit unterschiedlichen Organismen zusammen: Bakterien, Algen, Pflanzen und Tieren. Manchmal lässt sich nur schwer ausmachen, ob ihr Nutzen größer ist als der Preis, den sie dafür zahlen. Auch lohnt es sich darüber nachzudenken, wie manche dieser sonderbaren Partnerschaften überhaupt entstehen konnten.

FLECHTEN – AUS ZWEI MACH EINS, ODER EHER DREI?

„Flechten sind Pilze, die die Landwirtschaft entdeckt haben." Das behauptet zumindest der amerikanische Flechtenexperte Trevor Goward. Er gehört zu

1 Alge + 1 Pilz = 1 Flechte. Flechten gelten als Vorzeigemodell für Symbiose. Laut aktuellen Forschungsberichten könnte das falsch sein.

jenen Wissenschaftlern, die in den vergangenen Jahren die althergebrachte Auffassung infrage stellten, dass Flechten aus einer symbiotischen Beziehung zwischen Pilzen und Algen entstehen.

Flechten kommen in ganz unterschiedlichen Größen und Formen vor. Oftmals breiten sie sich auf Steinen oder anderen kahlen Oberflächen aus, wo sie dank ihrer Vielfalt farbenfrohe Teppiche bilden. Es gibt aber auch Arten mit eher blattähnlichen Strukturen, oder welche, die wie gräuliche Bärte an Ästen wachsen. Lange dienten Flechten als Schulbeispiel für die *Symbiose*, ein Zusammenleben zweier unterschiedlicher Organismen zum gegenseitigen Nutzen, das immer weiter optimiert wird, bis beide eine Abhängigkeit voneinander entwickelt haben und nicht mehr alleine existieren können.

Bei Flechten findet die Symbiose zwischen einem Pilz, für gewöhnlich einem Schlauchpilz, und Grünalgen oder mitunter auch Cyanobakterien statt. Deren Fähigkeit zur Photosynthese ist der gemeinsame Nenner für die Arbeitsteilung in Flechten. Flechten scheinen also das Beste aus zwei Welten miteinander kombinieren zu können: Zersetzung und Photosynthese in ein und demselben „Organismus« – ein erfolgreiches Konzept. Insgesamt existieren nahezu 20.000 Flechtenarten. Flechten kommen praktisch in jedem Umfeld vor, von Wüstenregionen bis hin zu den Polarkreisen.

In den letzten Jahren sind allerdings neue Forschungsberichte veröffentlicht worden, die das herkömmliche Bild der Lebensweise von Flechten auf den Kopf stellen. Eine darin aufgeworfene Frage lautet: In welcher Form profitieren die Algen eigentlich von dieser Beziehung? Dass der Pilz einen Nutzen aus der Photosynthese der Alge zieht, ist seit Langem bekannt: Der Pilz bezieht von ihr Nährstoffe in Form von Kohlenhydraten. Zugleich schützt er die Alge vor Fressfeinden und saugt Wasser aus dem Boden, was auch der Alge zugutekommt. Ferner kann der Pilz mit seiner Fähigkeit, organische Materie zu zersetzen, sich selbst und vermutlich auch die Alge mit Nährstoffen versorgen. Und dennoch gibt es Gründe anzunehmen, dass die Algen diese Lebensgemeinschaft nicht freiwillig eingegangen sind, sondern vielmehr von den Pilzen „gekidnappt“ wurden. Ein Hinweis darauf ist die Tatsache, dass der Pilz den Löwenanteil der Flechtenmasse für sich beansprucht, während der Anteil der Alge nur fünf bis zehn Prozent ausmacht. Dabei umschließt der Pilz die Alge, und laut Studien wachsen die Pilzhyphen in manchen Fällen sogar in die Algenzellen hinein – eine für Parasitenpilze typische Wachstumsform. Deshalb sehen manche Wissenschaftler in den Flechten eher ein Beispiel für *Parasitismus* als für *Mutualismus*. Andere wiederum, wie der oben erwähnte Flechtenexperte Trevor Goward, vertreten die Meinung, dass zweifelsohne ein Nährstoffaustausch zwischen beiden stattfindet, aber die Algen zu einem gewissen Grad von den Pilzen „gezüchtet" werden.

Kürzlich veröffentlichte ein internationales Forscherteam einen bahnbrechenden Aufsatz über den Aufbau von Flechten. Zwei eng miteinander verwandte Flechtenarten hatten die Neugier der Wissenschaftler geweckt: *Bryoria fremontii* und *Bryoria tortuosa*. Erstgenannte besitzt eine braune Färbung, während letztere gelblich und giftig ist. Seltsamerweise scheinen beide Flechten aus dem gleichen Pilz und den gleichen Algen zu bestehen. Allein schon deshalb müssten sie eigentlich auch ein und derselben Flechtenart angehören.

Eine Theorie der Forscher besagte, dass die äußerliche Verschiedenheit in einer unterschiedlichen Genexpression begründet ist, die Information in den Genen also anders in Erscheinung tritt. Demnach könnten beide Flechten beispielsweise Gene für die Giftproduktion enthalten, auch wenn diese nur bei *Bryoria tortuosa* aktiv ist. Die Forscher untersuchten daraufhin die Gene der Flechten, fanden jedoch keinerlei Unterschiede. Bei beiden waren sie ungefähr gleich aktiv. Schließlich weiteten die Forscher ihre Analysen aus und verglichen die DNA beider Flechten mit der DNA von einigen anderen Pilz- und Algenarten. Dabei machten sie letztlich ihre bedeutsame Entdeckung: Sie fanden in der Flechte Spuren von fremder DNA. Nach einiger Detektivarbeit konnten sie nachweisen, dass der Pilzanteil in den Flechten nicht von einer, sondern von zwei Pilzarten stammt. Diese neu entdeckte Art gehört allerdings nicht in die Abteilung der Schlauchpilze, sondern in die der Ständerpilze und ist genauer gesagt ein Hefepilz – und letztlich auch zuständig für die Giftproduktion. Er kommt zwar in beiden Flechtenarten vor, doch die Giftigkeit von *Bryoria tortuosa* hängt mit einer weitaus höheren Konzentration bei dieser Art zusammen. Demzufolge handelt es sich eigentlich nur um eine einzige Flechtenart, die allerdings in ihrer Farbe und

Giftigkeit variiert. Als die Forscher letztendlich wussten, wonach sie zu suchen hatten, fanden sie ziemlich schnell heraus, dass diese neue Hefepilzart, die den Namen *Cyphobasidiales* erhielt, in Flechten auf der ganzen Welt vorkommt.

Die Forscher wissen noch nichts Genaues über die Aufgabe dieses neu entdeckten Pilzes. Bei näherer Betrachtung des schichtweisen Aufbaus der Flechten konnten sie allerdings feststellen, dass sich *Cyphobasidiales* vor allem in der äußersten Schicht, der Flechtenhülle ansiedelt und dementsprechend eine gewisse Bedeutung für Farbe und Struktur der Flechte zu haben scheint.

In den vergangenen Jahren wurde auch über das symbiotische Zusammenleben mehrerer unterschiedlicher Bakterienarten mit den übrigen Organismen in Flechten berichtet. Demnach versorgen sie die Flechten unter anderem mit wichtigen Vitaminen und unterstützen sie beim Abbau diverser organischer Verbindungen.

Damit steht also fest, dass das althergebrachte Bild von der Lebensweise der Flechten nicht stimmt. Flechten verkörpern weitaus mehr als nur eine Symbiose zwischen einer Pilzart und Algen. Vermutlich würde es ihnen gerechter werden, sie als kleine Wohngemeinschaften zu betrachten, die aus zwei Pilzarten, diversen Bakterien sowie Algen bestehen, von denen zumindest manche lieber ausziehen und ihr eigenes Leben führen würden, wenn sie die Möglichkeit dazu bekämen.

DIE KLEINEN PILZZÜCHTER DER NATUR

In Süd- und Mittelamerika sind Blattschneiderameisen ein ganz gewöhnlicher Anblick. Sie marschieren in langen Kolonnen voran und schleppen abgeschnittene Blätterschnipsel mit sich herum. Man könnte meinen, dass sie die Blätter fressen, doch dem ist nicht so. Die Ameisen zerkauen die Blätter zwar, spucken sie jedoch wieder aus und vermischen sie mit Speichel und Kot

Der bösartige Zwilling der Flechtenart *Bryoria fremontii*:
die giftige gelbliche Flechte *Bryoria tortuosa*.

zu einer Art Kompost, der einen perfekten Nährboden für Pilze bildet. Die Nester der Blattschneiderameisen beherbergen weitläufige, akribisch gepflegte Pilzzuchten. Die Ameisen füttern ihre Larven mit Pilzmyzel und bieten den Pilzen im Gegenzug freien Zugang zu Nährstoffen und Schutz vor Fressfeinden. Die von den Blattschneiderameisen gezüchteten Ständerpilze gehören derselben Familie an wie die Champignons. Menschen und Ameisen züchten also die gleichen Pilzarten, auch wenn die Ameisen schon lange vor uns damit angefangen haben, nämlich vor ungefähr 50 Millionen Jahren.

Pilze und Ameisen hatten viel Zeit, um ihre Zusammenarbeit zu perfektionieren. Ein Beispiel dafür ist die Weiterentwicklung der Hyphen einiger der von Ameisen gezüchteten Pilze: Sie haben spezielle Saugnäpfe ausgebildet und dienen den Ameisen als eine Art Nuckelflasche. Diese Saugnäpfe nennt man *Bromatien*; sie versorgen die Ameisen mit einer Zuckerlösung. Kürzlich fand ein Forscherteam mit schwedischer und dänischer Beteiligung heraus, dass diese Lösung eine hohe Konzentration von Aminosäuren und Enzymen für den Cellulose-Abbau enthält. Und da diese Enzyme im Körper der Ameisen nicht zerstört, sondern mit dem Kot wieder ausgeschieden werden, verbreiten sie sich auch in neu angelegten Pilzkulturen, wo sie die Zersetzung von Pflanzenmaterie beschleunigen, was wiederum dem Wachstum der Pilze zugutekommt.

Die Pilzfarmen der Ameisen werden allerdings ständig von einer Vielzahl unerwünschter Pilzarten bedroht. Dabei handelt es sich um Schimmelpilze, die ebenfalls an den Nährstoffen aus der Pilzzucht interessiert sind. Doch die Ameisen verfügen über eine Art Wachdienst zur Unterstützung im Kampf gegen Parasiten, bestehend aus Bakterien der Gattung *Streptomyces*. Diese Bakterien sind äußerst bedeutsam für die Pharmaindustrie, wo sie zur Herstellung vieler verschiedener Antibiotika eingesetzt werden. Die Bakterien bilden auf der Körperunterseite der Ameisen einen weißen, pudrigen Belag, der wie ein Schutzanzug fungiert. Laborexperimenten zufolge hemmen diese Bakterien das Wachstum der Schimmelpilz-Parasiten in den Ameisenzüchtungen.

„Ants at work". Die Pilzzuchten der Blattschneiderameisen erfordern akribische Pflege.

Die Zusammenarbeit von Blattschneiderameisen und Pilzen ist wie schon erwähnt das Ergebnis eines langen evolutionären Prozesses. In manchen Fällen ist diese Zusammenarbeit so weit fortgeschritten, dass beide Parteien vollständig voneinander abhängig wurden und seitdem in Symbiose leben. Eine genetische Studie, bei der vier Arten von Blattschneiderameisen untersucht wurden, zeigt, dass alle vier die Fähigkeit zur Produktion der lebensnotwendigen Aminosäure *Arginin* verloren haben. Für die Versorgung damit sind sie notgedrungen auf die Pilze angewiesen. Diese Ameisen züchten nur eine einzige Pilzart, *Leucoagaricus gongylophorus*. Jener Pilz wiederum scheint die Fähigkeit verloren zu haben, Fruchtkörper sowie Sporen auszubilden, und ist bei seiner Verbreitung abhängig von den Ameisen. Dies geschieht, wenn die jungen Königinnen ihre Kolonien verlassen, um einen eigenen Staat zu gründen. Dabei tragen sie etwas Pilzmyzel in einer kleinen Tasche auf dem Kopf mit sich fort. Dieses Myzel stellt für die junge Königin eine lebensnotwendige Mitgift dar und dient dem eigenen Nestbau.

Blattschneiderameisen sind allerdings nicht die einzigen Insekten, die Pilze züchten. Manche Termiten und auch *Ambrosiakäfer* beherrschen diese Kunst ebenfalls. Der Ambrosiakäfer, eine Unterart der Borkenkäfer, züchtet Pilze in Gängen unmittelbar unterhalb der Rinde von Bäumen. Manche Arten wenden eine recht eigenwillige Methode an, um geeignete Bäume für ihre Züchtungen zu finden: Sie folgen dem Duft von Alkohol. Das Zellgewebe von Bäumen, die im Begriff sind abzusterben, weist oftmals einen erhöhten Alkoholgehalt auf. Die Käfer suchen sich diese „betrunkenen" Bäume aus, weil sie in deren Holz leichter ihre Gänge graben können. Ambrosiakäfer züchten zwei Arten von Schlauchpilzen, die ihre Nährstoffe aus dem Zersetzungsprozess des Holzes beziehen. Die Käfer tragen in ihrer Funktion als Pilzzüchter ebenso wie die Ameisen Myzel bei sich, in kleinen Vertiefungen ihres Außenskeletts. Sobald die Züchtungen in den Gängen des Holzes herangewachsen sind, legen die Ambrosiakäfer ihre Eier darin ab. Die Pilze dienen ihren Larven dann als Nahrung.

Holzschädigende Käfer sind die Graffiti-Künstler des Waldes. Ihre „Kunstwerke" fügen der Forstindustrie große finanzielle Verluste zu.

DAS UNTERIRDISCHE NETZWERK

Bereits in der Einleitung dieses Buches habe ich darauf hingewiesen, dass die zersetzenden Fähigkeiten der Pilze von entscheidender Bedeutung sind, da sie andere Organismen des Ökosystems mit Nährstoffen versorgen. Doch Pilze leisten noch einen weiteren, mindestens ebenso wichtigen Dienst: Sie unterstützen Pflanzen bei der Nährstoffaufnahme. Dies geschieht mittels *Mykorrhiza*. Dieser nicht gerade leicht auszusprechende Begriff stammt aus dem Griechischen und besteht aus den Wortteilen *mykes* – Pilz – und *rhiza* – Wurzel – also *Pilzwurzel*. Ein weitaus einfacherer Begriff für die Vereinigung von Pilzmyzel und Pflanzenwurzeln.

Mykorrhiza ist das beste Beispiel für die phänomenale Fähigkeit von Pilzen, mit anderen Organismen zusammenzuarbeiten. Das Pilzmyzel kann als Verlängerung des Wurzelsystems betrachtet werden, wodurch die Pflanze Wasser und Nährstoffe in Form von Stickstoff und Phosphor besser aufnehmen kann. Im Gegenzug erhält der Pilz den von der Pflanze mittels Photosynthese produzierten Zucker. Etwa 6.000 Pilzarten und 240.000 Pflanzenarten bilden miteinander Mykorrhiza aus, das entspricht ganzen 95 Prozent aller bekannten Gefäßpflanzen, also an Land lebenden Kräutern, Sträuchern und Bäumen.

Mitte der 1990er-Jahre hatte das Internet seinen großen Durchbruch. All jenen, die das miterlebten, hat sich bestimmt die sonderbar kakophonische Zugangsmelodie des Modems für immer und ewig in die Erinnerung eingegraben. Zugang zum Internet zu bekommen, war damals ein zäher Prozess, der nicht selten misslang. Und wenn man es doch geschafft hatte, wusste man nicht so recht, was man dort tun sollte. Schließlich hatte das Leben bis dahin auch ohne diese neumodische Erfindung ganz ausgezeichnet funktioniert.

Zur selben Zeit, als das Internet und das „World Wide Web“ ihren Durchbruch hatten, entdeckten Wissenschaftler, dass die Bäume im Wald ebenfalls ein Netzwerk ausbilden. Dieses ist allerdings in vieler Hinsicht ausgeklügelter als unsere digitale Entsprechung. Über das Netzwerk des Waldes, das mit einem Augenzwinkern auch „Wood Wide Web“ genannt wird, können beispielsweise sowohl Informationen als auch Nährstoffe verbreitet werden. Dabei verbindet

Mykorrhiza die Bäume untereinander ähnlich wie die Glasfaserkabel, die heutzutage unsere Kommunikation im „World Wide Web“ steuern. Bekanntermaßen kann das Internet allerdings ausschließlich Informationen übermitteln. So ausgehungert man auch sein mag, aus dem Bildschirm oder dem Tablet ploppt dennoch keine Pizza Funghi auf. Stattdessen muss man sie über eine Website bestellen und dann darauf warten, dass ein unterbezahlter Moped-Bote sie an der Wohnungstür abliefert.

Die zukunftsweisende Entdeckung des „Wood Wide Web“ gelang der Wissenschaftlerin Suzanne Simard. Sie ist Professorin für Waldökologie an der University of British Columbia in Kanada und verbrachte ihre Kindheit im Landesinneren von British Columbia in unmittelbarer Nähe zu den Nadelwäldern. Schon damals faszinierten sie die hoch gewachsenen Douglasien, die später auch eine zentrale Rolle in ihrer Forschung spielen sollten.

Um die Mitte der 1990er-Jahre konnte Suzanne Simard nachweisen, dass Tannen und Birken im Wald sowohl Informationen als auch Nährstoffe miteinander austauschen. Ihre Entdeckung stützt sich auf eine Serie einfallsreicher, wenn auch ziemlich gesundheitsschädlicher Experimente. Suzanne Simard und ihre Kollegen versprühten radioaktives Kohlendioxid in Anpflanzungen mit frisch gesetzten Birken und Tannen. Anhand der Messung der Radioaktivität mittels Geigerzählern konnten die Forscher nachweisen, dass die Bäume das Kohlendioxid aufnahmen und durch Photosynthese in radioaktive Zuckermoleküle umwandelten. Diese Zuckermoleküle fanden sich schließlich in den Blättern und Nadeln anderer, etwas entfernt stehender Bäume wieder. Die Forscher kamen zu dem Schluss, dass die Bäume durch Mykorrhiza miteinander verbunden waren und diese auch für die Nährstoffverteilung sorgte.

Das Experiment wurde im Sommer durchgeführt. Während dieser Jahreszeit leiteten die Birken deutlich mehr Zuckerlösung an die Tannen weiter als umgekehrt. Doch als der Herbst kam und die Birken ihre Blätter verloren, war es an den Tannen, die Birken zu unterstützen; nun erhielten diese den größeren Anteil. Suzanne Simard beschreibt dieses Experiment mit großer Hingabe während eines Vortrags im Jahr 2016 bei einem TED Talk, den man sich auf YouTube anhören kann.

„Als sich herausstellte, dass diese beiden Baumarten voneinander abhängig sind wie Yin und Yang, wurde mir alles klar. Ich wusste, dass ich etwas Großartiges entdeckt hatte, etwas, das unseren Blick auf die Bäume im Wald würde verändern können. Sie sind eben nicht nur Konkurrenten, sondern auch interagierende Partner. Und ich hatte den Beweis dafür erbracht, dass unten im Erdreich, also gewissermaßen in einer anderen Welt, ein riesiges Kommunikationsnetzwerk existiert.“

Seit der Veröffentlichung dieser einleitenden Studie haben die Kenntnisse über das „Wood Wide Web“ entschieden zugenommen. Inzwischen weiß man, dass betagte Bäume als Knotenpunkte im Netzwerk fungieren. Je älter ein Baum, desto mehr andere Bäume verbindet er miteinander. Das Forscherteam um Suzanne Simard konnte das Myzel zweier Pilzarten kartografieren, die gemeinsam mit Douglasien Mykorrhiza ausbilden. Seine Erkenntnisse legen nahe, dass das Myzel eines einzelnen Pilzindividuums bis zu zwanzig Bäume miteinander verbinden kann. Eine achtzig Jahre alte, ebenfalls untersuchte Douglasie war durch höchstens eine Handvoll Pilzindividuen der beiden untersuchten Arten mit sogar fast fünfzig anderen Bäumen in der Nähe vernetzt. Gut möglich, dass noch Hunderte weiterer, bislang unerforschter Pilzarten existieren, die gemeinsam mit Bäumen Mykorrhiza ausbilden. Das unterirdische Netzwerk des Waldes ist also vermutlich noch deutlich engmaschiger und großflächiger. Wahrscheinlich entspricht dieser winzig kleine erforschte Teil des „Wood Wide Web“ also gerade mal meinem Anteil und dem meiner engsten Facebook-Freunde am gesamten „World Wide Web“. Mit anderen Worten, einem Wassertropfen im Ozean.

In ihrem Vortrag erklärt Suzanne Simard auch, dass die größten und ältesten Bäume, sogenannte Mutterbäume, das Wachstum der kleinen Jungpflanzen unterstützen.

„Mithilfe unserer Isotopen-Tracer haben wir nachweisen können, dass die Mutterbäume ihren Überschuss an Kohlenstoff durch das Mykorrhiza-Netzwerk

Nahaufnahme eines engmaschigen Mykorrhiza-Netzwerkes, einem Teil des „Wood Wide Web“.

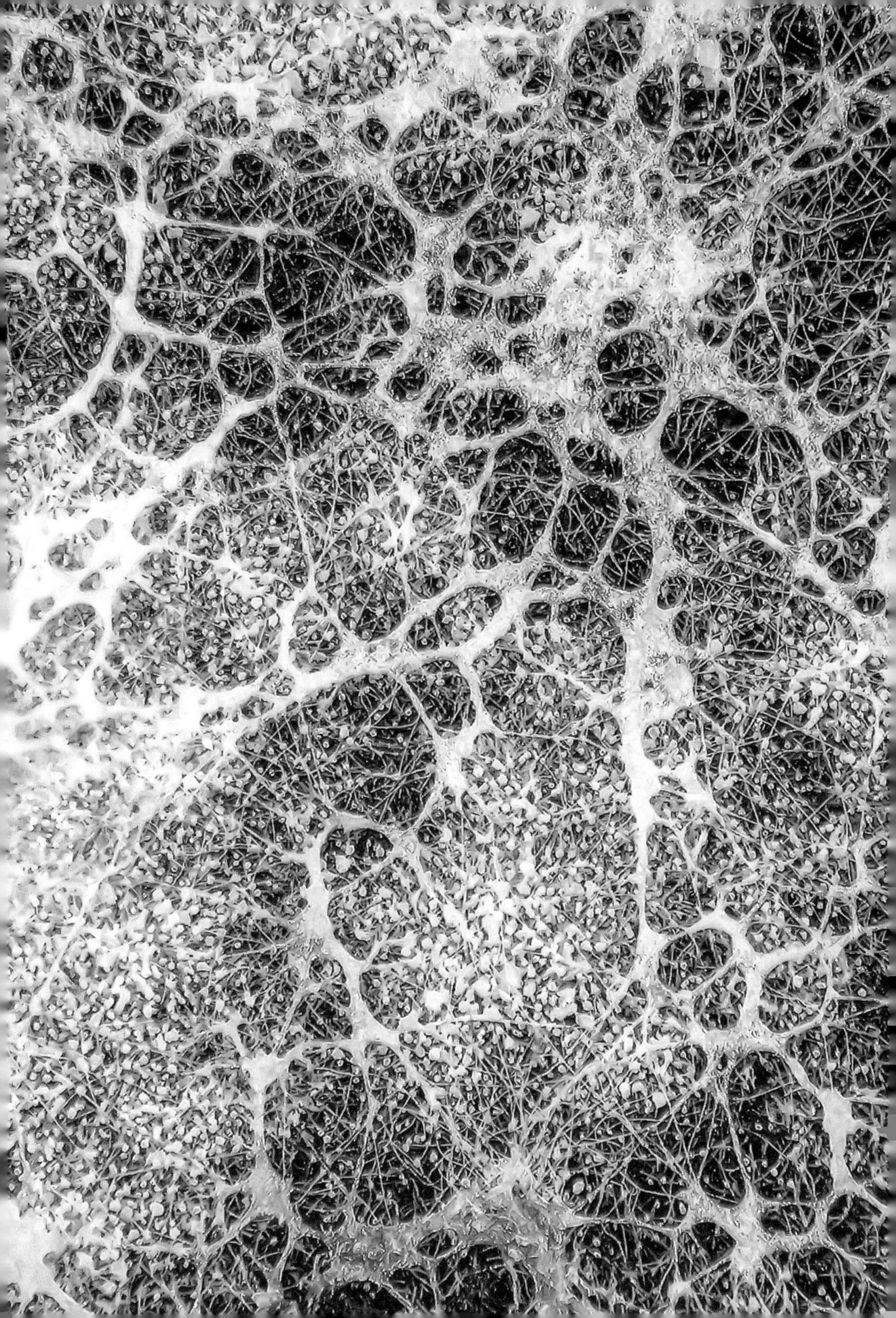

an die Jungpflanzen im Unterholz abgeben, was deren Überlebenschancen vervierfacht."
Suzanne Simard berichtet außerdem, dass die Mutterbäume ihre eigenen Sprösslinge erkennen und diese Jungpflanzen bevorzugt behandeln, indem sie ihnen besonders viele Nährstoffe zukommen lassen. Hier habe ich allerdings den Eindruck, dass die Forscherin die Bäume etwas zu sehr vermenschlicht. Ich bin die lange Liste der wissenschaftlichen Publikationen durchgegangen, an denen Suzanne Simard mitgewirkt hat, konnte jedoch keine Forschungsergebnisse zu ihrer Aussage über Mutterbäume und deren Sprösslinge finden. Daraufhin habe ich per Mail bei ihr angefragt, erhielt jedoch keine Antwort. Auch die schwedische Forschung stützt ihre Behauptungen nicht, sondern legt vielmehr nahe, dass die großen Bäume eine Bedrohung für die jungen Sprösslinge darstellen. Dennoch mutet der Gedanke schön an, dass Baumriesen, die über dem Erdreich alle Nährstoffe für sich zu beanspruchen scheinen, in Wahrheit unterirdisch zusammenarbeiten und die Jungpflanzen unterstützen. Nach dem Motto: „Hallo, mein kleiner Freund, tut mir leid, dass ich so viel Platz einnehme, das passiert nach einigen Hundert Jahren schon mal. Aber keine Sorge, ich kümmere mich um dich. Hier, nimm ein paar Nährstoffe. Ich schicke dir eine Ladung übers Netzwerk."
Lassen Sie mich jetzt dieses schöne Bild mit einem schlechten Witz zerstören, den ich bei meinen Recherchen zum „Wood Wide Web" im „World Wide Web" gefunden habe: *How do trees connect to the internet? They log on …*
Aber nun genug über Bäume, denn dies ist schließlich ein Buch über Pilze. Apropos, welchen Nutzen ziehen Pilze eigentlich daraus, die Breitbandanbieter des Waldes zu sein? Wie schon erwähnt, leitet die Mykorrhiza für gewöhnlich den Zucker aus den Bäumen an die Pilze weiter, aber was haben diese letztlich von der Ausbildung eines riesigen unterirdischen Netzwerkes? An dieser Stelle sei erwähnt, dass es unterschiedliche Arten von Mykorrhiza gibt. Die am häufigsten vorkommende ist *Endomykorrhiza*, also die `innere Mykorrhiza´. Der Name spielt auf Pilzhyphen an, die ins Wurzelwerk der Pflanzen vordringen und mitunter sogar bis in deren Zellen hineinwachsen, wo sie kleine Knäuel ausbilden. In diesen Knäueln findet der Nährstoffaustausch zwischen Pilz und

Pflanze statt. Ungefähr 80 Prozent aller Pflanzen bilden Endomykorrhiza aus. Die Mykorrhiza-Variante, die das „Wood Wide Web" entstehen lässt, wird *Ektomykorrhiza* genannt und kommt nur bei einem geringen Prozentsatz von Pflanzenarten vor. Unter ihnen finden sich jedoch die großen Bäume und Sträucher in den Wäldern der gesamten Nordhalbkugel: Tannen, Kiefern, Buchen, Eichen, Birken, Pappeln und Weiden.

Alle Kreuzworträtsel-Enthusiasten wissen, dass der Wortteil *ekto* für außen, außerhalb oder gar oberflächlich steht. Doch Ektomykorrhiza ist mitnichten ein oberflächliches Geflecht, im Gegenteil, sie gilt als die am höchsten entwickelte Variante der Mykorrhiza überhaupt. Der Name beschreibt zudem auch die Art und Weise der Vereinigung von Pilzhyphen und Pflanzenwurzeln. Die Hyphen des Pilzes wachsen folglich nicht in die Pflanzenzellen hinein, sondern umschließen die Wurzeln mit einem engmaschigen Netz aus Myzel. So übernimmt das Pilzmyzel die absolute Kontrolle über die Nahrungsaufnahme der Pflanze, vergleichbar mit einer behutsamen, aber entschlossenen Umarmung. Zugleich ist der Pilz aber in jeder Hinsicht abhängig von seiner Partnerpflanze, denn jene Pilzarten, die Ektomykorrhiza ausbilden, haben in den meisten Fällen die Fähigkeit verloren, tote Pflanzenmaterie in Zucker umzuwandeln. Sie können sich also nicht mehr selbstständig ernähren.

Die Pilze des „Wood Wide Web" lassen sich in gewisser Weise mit den Routern für das „World Wide Web" vergleichen. Sie nehmen Informationen (sowie Nährstoffe) auf und leiten sie gegen einen kleinen Obolus in Form von Nährstoffen an geeignete Empfänger weiter. Da jeder Pilz mit ziemlich vielen Bäumen und außerdem noch weiteren Pilzen vernetzt ist, hat er vermutlich jederzeit freien Zugang zu Nährstoffen. Eigentlich eine recht angenehme Situation für einen Pilz. Außerdem können Pilze mittels des aufwendigen Zersetzungsprozesses von Cellulose und anderen Ligninen letztlich noch weitere Substanzen freisetzen, mit denen sie den weiteren Ausbau ihres Netzwerkes vorantreiben, was wiederum allen Parteien zugutekommt.

Nächste Doppelseite: Douglasien, die Kooperationspartner der Pilze, können bis zu 100 Meter hoch werden.

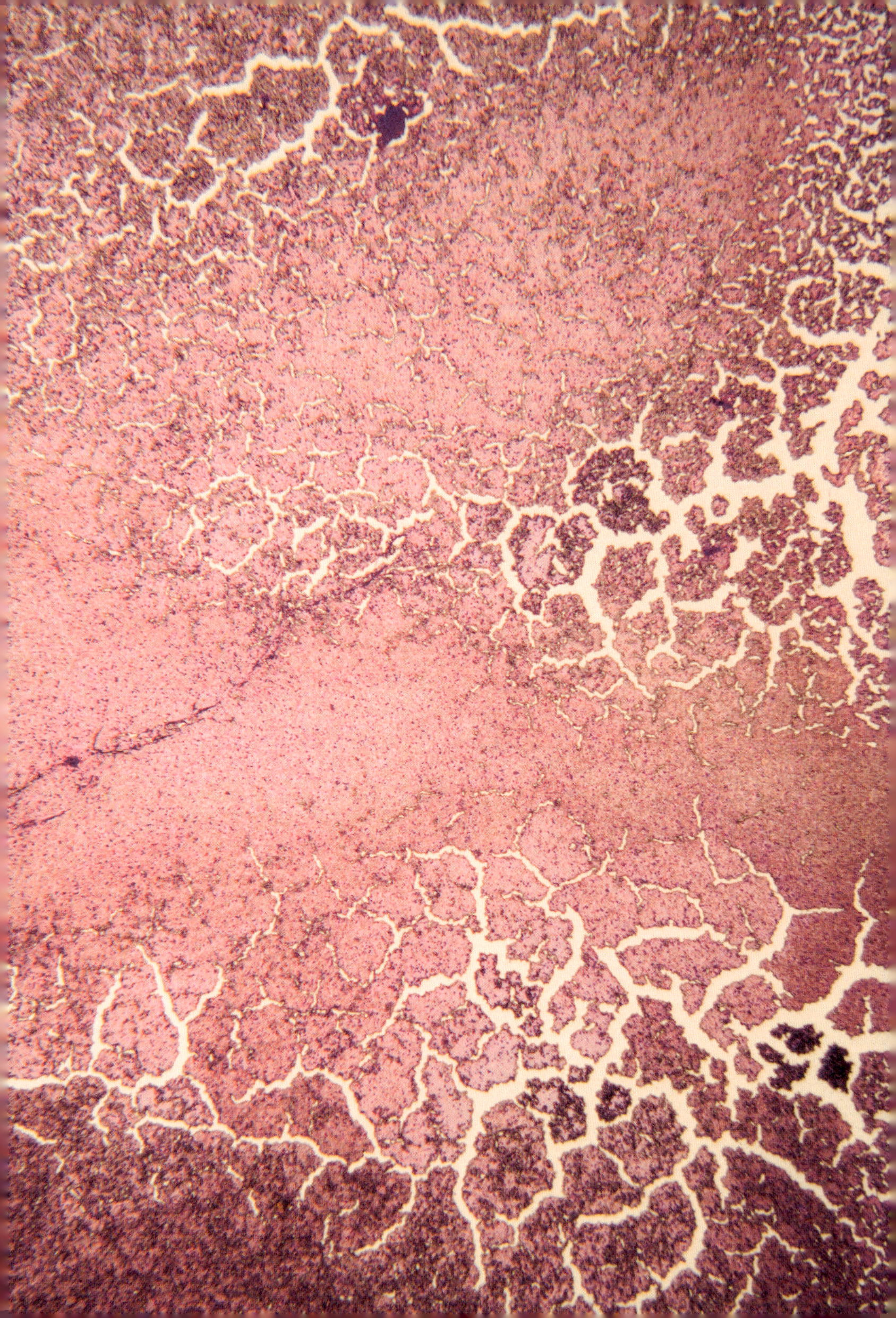

4 | ZUM GRÖSSTEN NUTZEN DER MENSCHHEIT

Können Pilze uns vor der Apokalypse retten?

In den kalten, windgepeitschten Buchenwäldern Patagoniens findet sich die Antwort auf eine Eine-Million-Euro-Frage. An den Ästen der Bäume bilden sich sonderbare gelbe Geschwülste, die man Gallen nennt. Im Inneren dieser golfballgroßen Gallen wächst ein Hefepilz, der lange als Heiliger Gral des Brauereigewerbes galt. Die wissenschaftliche Entdeckung dieses Pilzes vor wenigen Jahren setzte der mühevollen Jagd nach dem unbekannten Bestandteil der Hefe, die zum Brauen von Lager-Bier verwendet wird, endlich ein Ende. Lager gilt als das beliebteste Bier weltweit. Der Umsatz des globalen Biermarktes beläuft sich Berechnungen zufolge auf ungefähr 600 Milliarden Euro! Eine gigantische Zahl. Auch die jährlich produzierte Biermenge ist recht eindrucksvoll: 170 Milliarden Liter. Das entspricht ungefähr 450.000 durchschnittlich großen Schwimmbecken voller Bier. Lager, die mit Abstand begehrteste Biersorte, macht über die Hälfte des gesamten globalen Verkaufs aus. Das Lager-Bier erhält seinen reinen Geschmack und die charakteristische Malznote durch einen Gärprozess bei ungewöhnlich niedrigen Temperaturen, nämlich maximal acht Grad Celsius. Dafür benötigt man eine spezielle kältebeständige Hefeart, die sich schlicht und einfach Lagerhefe nennt.

Die Lagerhefe ist eine sonderbare Pilzart. Ihre DNA weist ein einziges Durcheinander auf, und sie enthält zudem massenweise Genkopien. Lagerhefe ist unter den Hefepilzen gewissermaßen die Entsprechung zu Frankensteins Monster, ein Hybrid aus mindestens zwei unterschiedlichen Arten. Eine davon ist die

Hefekulturen unter dem Mikroskop. Hefepilze sind Einzeller und pflanzen sich überwiegend durch Knospung fort.

gewöhnliche Backhefe (*Saccharomyces cerevisiae*). Aber wie heißt die andere Art? Wissenschaftler haben ihre DNA zwar bereits identifiziert, konnten sie aber in der freien Natur bis vor Kurzem nicht finden. Woher stammt sie also? Diese Frage klingt vielleicht trivial. Doch nicht für die milliardenschwere Bierindustrie. Für sie wäre ein plötzliches Abhandenkommen der Hefe fatal, ganz zu schweigen von allen bierdurstigen Menschen auf der Welt, für die es geradezu eine Katastrophe wäre.

Dementsprechend war es für das Braugewerbe von großer Bedeutung, diese besondere Hefeart ausfindig zu machen. Gewöhnliche Backhefe verträgt bekanntlich keine niedrigen Temperaturen. Da Lagerhefe diese jedoch toleriert, vermutete man, dass diese Eigenschaft von der noch unbekannten Art stammt. Man wähnte den Pilz folglich in einer verhältnismäßig kühlen Klimazone, was sich als richtig erwies. Doch dass man ihn in einer abgelegenen Bergregion Südamerikas antreffen würde, kam gelinde gesagt unerwartet. Das Lager-Bier wurde nämlich vor ungefähr 500 Jahren von Mönchen in Bayern erfunden. Die Mönche brauten ihr Bier in kühlen Grotten und benötigten demzufolge eine kältetaugliche Hefeart. Doch von Patagonien bis nach Bayern ist es ziemlich weit, und damals fand keinerlei Handel zwischen den beiden Gebieten statt. Wie konnte also der Hybrid zwischen Backhefe und jener südlichen Hefeart entstehen? Womöglich indem sich einige Sporen im Federkleid eines Vogels verfingen, der von Südamerika bis nach Europa flog? In den vergangenen Jahren hat man die auf den Namen *Saccharomyces eubayanus* getaufte Art noch in weiteren Ländern entdeckt, unter anderem in Nordamerika und Tibet, allerdings nicht in Europa, der Wiege des Lager-Biers. Mag sein, dass der Pilz auch hier einmal existierte, bevor er irgendwann ausstarb. Das Rätsel um den Ursprung der Lagerhefe treibt die Forscher jedenfalls noch immer um.

Auch wenn Lagerhefe äußerst wichtig für die Bierindustrie sein mag, ist sie im Vergleich zur gewöhnlichen Backhefe geradezu bedeutungslos. Backhefe gehört nämlich zu den wichtigsten Pilzen im Dienst des Menschen. Sie sorgt dafür, dass Brotteige aufgehen, und ist außerdem unerlässlich für die Herstellung von Wein und Bier, was auch aus ihrem lateinischen Namen hervorgeht. Der Begriff *Saccharomyces* besteht aus zwei Wortteilen: *Saccharo* – was so viel heißt wie

ZAUBERTRANK AUS GALLEN

Die Geschwülste, in denen der Hefepilz Saccharomyces eubayanus *wächst, nennt man Gallen. Eine Galle entsteht, wenn Pflanzen mit Parasiten infiziert werden. Die Gallen an den Buchenästen sind prall gefüllt mit einer Zuckerlösung. Ein ausgezeichnetes Milieu für Hefepilze, die den Zucker zur Freude der Lokalbevölkerung in Alkohol umwandeln, die daraus wiederum alkoholhaltige Getränke erzeugt.*

Zucker – und *myces* – Pilz. Mit anderen Worten ‚Zuckerpilz'. *Cerevisiae* meint in etwa ‚aus Bier'. Dann hieße *Saccharomyces cerevisiae* also ‚Zuckerpilz aus Bier'. Kann man überhaupt Pilze in Bier züchten? Nun ja, eigentlich funktioniert es eher andersherum: *Saccharomyces cerevisiae* bedeutet genau genommen ‚Pilz, der aus Zucker Bier macht'.

Brotbacken und Alkoholerzeugung erscheinen auf den ersten Blick als zwei höchst unterschiedliche chemische Prozesse, doch tatsächlich entstammen beide dem Stoffwechsel der Backhefe. Backhefe ist nicht in der Lage, Cellulose in Zucker umzuwandeln. Wenn man dem Pilz aber ungebundenen Zucker zuführt, vermehrt er sich außerordentlich rasch durch Knospung. Da Hefepilze sowohl mit als auch ohne Sauerstoff existieren können, hat sich der Mensch diese Fähigkeit zunutze gemacht. In einem sauerstoffreichen Milieu bilden sich unter Zugabe von Zucker die Stoffwechselabbauprodukte Kohlendioxid und Wasser, wobei das Gas Kohlendioxid den Brotteig aufgehen lässt. Wenn dieser Prozess aber in einem anaeroben Milieu stattfindet, bilden sich stattdessen Kohlendioxid und Alkohol, und genau dieser Prozess findet bei der Herstellung von Bier und Wein statt.

BACKHEFE – DAS HÄTSCHELKIND DER FORSCHER

Brotbacken und Bierbrauen in allen Ehren, doch als Stellvertreter menschlicher Zellen bringt die Backhefe den größten Nutzen überhaupt. Sie dient nämlich als *Modellorganismus* für unsere Körperzellen. Hefepilzzellen und menschliche Zellen besitzen einen recht ähnlichen Aufbau, obwohl beide höchst unterschiedlichen Umwelteinflüssen ausgesetzt sind. Doch das ist in diesem Zusammenhang sogar ein Vorteil. Da sich menschliche Zellen außerhalb unseres Körpers schlicht und einfach nicht wohlfühlen, sondern dafür geschaffen sind, unterschiedliche Gewebearten auszubilden oder Organe aufzubauen, lassen sie sich nur schwer im Labor züchten. Gewöhnliche Backhefe hingegen bildet kein Gewebe aus. Jeder Hefepilz besteht aus einer einzigen, absolut selbstständigen Zelle – ist also „seines Glückes Schmied". Deswegen fühlen sich Hefezellen in den Petrischalen der Labore auch äußerst wohl. Man muss sie nur mit etwas Zucker und diversen anderen Nährstoffen versorgen, dann sind sie zufrieden und wachsen, was das Zeug hält.

Menschliche Zellen und Hefezellen teilen sich auch auf ähnliche Art und Weise. Deswegen waren Hefezellen auch äußerst bedeutsam für das Verständnis von Krebserkrankungen, insbesondere der damit einhergehenden unkontrollierten Zellteilung.

In den vergangenen fünfzehn Jahren wurden außerdem mindestens vier Nobelpreise für besondere Entdeckungen vergeben, die in Verbindung mit der Erforschung des Hefepilzes stehen. Beispielsweise der Nobelpreis von 2016, mit dem der japanische Zellbiologe Yoshinori Ōsumi für die Entdeckung der *Autophagozytose* in Zellen ausgezeichnet wurde. So lautet die wissenschaftliche Bezeichnung für die Fähigkeit einer Zelle, ausgediente Proteine in ihre Bestandteile zu zerlegen, um sie anschließend wiederzuverwerten, also gewissermaßen zu recyceln. Dieser Prozess funktioniert in etwa so, als würde man vor einem Altglas-Container stehen und die Metalldeckel der zu entsorgenden Gefäße abschrauben. Die Autophagozytose der Zellen ist von großer Bedeutung für das Verstehen des Alterungsprozesses beim Menschen und ferner auch für den Erkenntnisgewinn hinsichtlich Entstehung und Fortschreiten von Krankheiten wie Alzheimer und Parkinson.

ENTSCHLÜSSELUNG DER BACKHEFE-DNA ZUM WOHL DES MENSCHEN

Der erste Organismus, dessen gesamtes Erbgut wissenschaftlich dokumentiert wurde, war ein Bakterium namens Haemophilus influenzae. *Dies geschah 1995. Im Jahr darauf konnte das Erbgut von Backhefe komplett dechiffriert und ihre vollständige Erbinformation veröffentlicht werden. Damit war die Backhefe der weltweit erste eukaryotische Organismus mit entschlüsseltem Genom. Der Begriff Eukaryot bezeichnet alle Organismen mit Zellkern und umfasst Pflanzen, Tiere und Pilze, jedoch keine Bakterien. Diese gehören zu den Prokaryoten, den Organismen ohne Zellkern.*

ZELLFABRIKEN PRODUZIEREN DROGEN

Die Wissenschaft macht aktuell große Fortschritte bei der Genmanipulation von Hefepilzen. Indem man Hefezellen ein fremdes Gen zuführt und dann die Produktion des Proteins erhöht, das dieses Gen codiert, kann man Hefe in sogenannte Zellfabriken verwandeln, die massenweise Proteine erzeugen. Das Hormon *Insulin* ist eine von vierzig auf diese Weise gebildeten chemischen Verbindungen. Weitere Beispiele sind die Blutproteine *Albumin* und *Transferrin* sowie diverse Impfstoffe gegen Gelbsucht.

Die Backhefe, die uns das tägliche Brot beschert, könnte bald noch ein weiteres Produkt auf ihre Meritenliste setzen, nämlich Drogen. Unter Umständen werden Hefepilze künftig eine wichtige Rolle in der lebhaften Debatte um die medizinische Wirkung von Cannabispflanzen spielen. Bis heute haben über dreißig amerikanische Bundesstaaten die medizinische Anwendung von Cannabis legalisiert, und auch in Schweden gibt es inzwischen ein anerkanntes Heilmittel auf Hanf-Basis, ein Nasenspray gegen MS-Symptome.

Einer der aktiven Bestandteile der Cannabispflanze *Cannabis sativa* nennt sich CBD. CBD hat keine berauschende Wirkung und gilt dennoch als wirksam gegen verschiedene Symptome wie Schlafstörungen, Angstzustände, chronische Schmerzen oder bestimmte Formen von Epilepsie. Darüber hinaus lindert es diverse Symptome der Nervenkrankheit Parkinson. Die rauschverursachende Substanz in Cannabis, also jene, von der man high wird, nennt sich THC. Auch diese lindert offenbar Angstzustände und chronische Schmerzen. Außerdem soll sie nach langwierigen zehrenden Erkrankungen appetitanregend wirken. Diesen appetitanregenden Effekt kennt man auch aus amerikanischen Filmen, in denen bekiffte College-Studenten plötzlich Heißhunger bekommen und sich mit Kuchen und Süßigkeiten vollstopfen.

Aber was hat Cannabis mit Hefe zu tun? Nun ja, Wissenschaftler aus Kalifornien haben Backhefe genetisch so verändert, dass diese sowohl CBD als auch THC produzieren kann. So sollen diese Substanzen für medizinische Zwecke hergestellt werden, ohne die Pflanze *Cannabis sativa* extra anzubauen, was sowohl umweltbelastend als auch energieaufwendig ist – laut Berechnungen

machen allein die Cannabisanpflanzungen in Kalifornien drei Prozent des gesamten Energieverbrauchs des Bundesstaates aus.
Ferner finden aktuell diverse Versuche zur Herstellung von morphinähnlichen Medikamenten mittels genmanipulierter Hefe statt. Bislang werden Morphium-Präparate aus Schlafmohn gewonnen. Pharmakonzerne müssen für die Produktion der schmerzstillenden Präparate also Ackerbau betreiben, was sowohl kompliziert und zeitraubend als auch kostspielig ist. Derlei Medikamente mithilfe von Hefe herzustellen, wäre hingegen weitaus einfacher und billiger. Außerdem ließe sich ihre Wirksamkeit dann vermutlich noch weiter optimieren, insbesondere hinsichtlich der Minderung von Suchterscheinungen.
Doch es gibt auch einen Grund zur Sorge. Würden diese genmanipulierten Hefearten in falsche Hände gelangen, könnte das den illegalen Drogenmarkt revolutionieren. Hefe zu züchten, ist ziemlich simpel, das wissen alle, die ihr Bier selbst brauen oder ihr eigenes Sauerteigbrot backen. Es wäre also nicht wesentlich schwieriger, daraus Opiate wie Heroin herzustellen. Aktuell werden illegale Drogen auf der Basis von Opium unter anderem in Afghanistan und Mexiko hergestellt, doch der Markt dafür liegt hauptsächlich in den USA und in Europa. Wenn die Drogenkartelle Zugriff auf die neuen Hefearten bekämen, würde sich die Herstellung der Drogen vermutlich in die westliche Welt verlagern, wo auch die Abnehmer leben. Der Absatz würde steigen, die Preise sinken und die Anzahl der Konsumenten von Opiaten, die weltweit aktuell etwas mehr als 16 Millionen beträgt,

EIN PILZ, DER GEDOPTE OLYMPIONIKEN ZU FALL BRACHTE

Im Jahr 2012 wurden zwei Kugelstoßer wegen Dopings verurteilt. Sie mussten ihre Medaillen von den Olympischen Spielen in Athen 2004 wieder zurückgeben. Der Betrug konnte nach so langer Zeit dank eines Pilzes und eines Medizinforschers aufgedeckt werden. Der Schwede Axel Rydevik legte in seinen Promotionsstudien an der Universität von Uppsala dar, dass bestimmte Arten der Pilzgattung Cunninghamella *Medikamente und andere Substanzen in derselben Art und Weise zersetzen wie wir Menschen. Dazu zählt auch das anabole Steroid* Oxandrolon. *Wenn man dem Pilz Oxandrolon zuführt, erhält man die Signatur eines langlebigen Abbauproduktes dieses Steroids. Rydevik glich die entsprechende Signatur daraufhin mit den Abbauprodukten in den beschlagnahmten Urinproben der Kugelstoßer ab und landete zwei Treffer.*

würde vermutlich ebenfalls in die Höhe schnellen. Allerdings ist hoffentlich davon auszugehen, dass Unternehmen, die drogenproduzierende Hefearten entwickeln, auch für den Schutz ihrer Produkte sorgen. Beispielsweise indem sie Laien das Züchten erschweren und den Stoffwechsel der Pilze manipulieren.

HEFE IM ALL

Wenn das neue Raumschiff der NASA, *Orion*, in naher Zukunft seine erste längere Expedition antritt, wird an Bord eine automatische Anzuchtanlage für Hefepilze mitreisen. Diese Anlage wird sämtliche Mutationen des Pilzes registrieren, deren Entstehen man als Folge der Strahlung im Weltall erwartet. Die geplante Route des Raumschiffs verläuft einmal um den Mond herum, bevor es wieder zur Erde zurückkehren wird. Allerdings ist es bei Weitem nicht das erste Mal, dass Pilze im Dienst der Wissenschaft ins Weltall reisen. Auch die Backhefe ist schon im All gewesen. Da Hefezellen eine große Ähnlichkeit mit menschlichen Zellen aufweisen, können sie den Forschern möglicherweise eine Antwort auf die Frage liefern, inwieweit die Strahlung während eines Aufenthaltes im Weltall Einfluss auf den menschlichen Körper nimmt.

An Bord der internationalen Raumstation ISS finden aktuell Versuche mit genmanipulierten Hefepilzen statt, die Antioxidantien bilden können. Genmanipulierte Hefe lässt sich gut in Form von Trockenhefe aufbewahren und leistet damit einen wichtigen Beitrag zur Bestückung einer Notfall-Apotheke. Heilmittel mit kürzerer Haltbarkeit würden keine längeren Aufenthalte im Weltall wie im Fall einer Marsexpedition überstehen. Sobald also Bedarf an bestimmten Vitaminen oder Medikamenten besteht, nimmt man die Trockenhefe zur Hand und züchtet rasch den jeweils benötigten Hefepilz heran.

Es gibt aber auch Hefepilze, die schon kommerzielle Reisen ins Weltall unternommen haben. Eine amerikanische Brauerei hat ein mit Hefe bestücktes privates Raumfahrzeug in den Orbit geschickt. In diesem Raumschiff wird jetzt sogenanntes „Weltraumbier“ gebraut, das man dann hier auf der Erde kaufen kann. Es ist ein Stout und dementsprechend schwarz wie das Weltall.

Hopfen stellt ebenfalls eine wichtige Zutat beim Bierbrauen dar. Er verleiht dem Bier eine Bitternote und den Zitrusgeschmack, der für bestimmte Biersorten wie das Indian Pale Ale, IPA, charakteristisch ist. Kürzlich ist es amerikanischen Wissenschaftlern gelungen, die Gene von Hefe so zu manipulieren, dass sie nicht mehr nur die Gärung übernimmt, sondern auch den Hopfengeschmack erzeugt. Diese Hefeart ermöglicht es also, nach Hopfen schmeckendes Bier zu brauen, ohne Hopfen zu verwenden. Für den typischen frischen Geschmack des Hopfens sind hauptsächlich zwei Bestandteile verantwortlich: *Linalool* und *Geraniol*. Beide Stoffe kommen in vielen Pflanzen vor. Im aktuellen Fall verwendeten die Forscher für die Produktion Gene von Basilikum und Zitronenmelisse und pflanzten diese mithilfe von *Plasmiden* in die Hefezellen ein. Plasmide sind ringförmige DNA-Moleküle, die naturgemäß in manchen Bakterien vorkommen und Zellwände überwinden können. Man macht sie sich deshalb für den Transport der DNA von einer Zelle in eine andere zunutze.

Dieser neue genmanipulierte Hefepilz könnte den Prozess des Bierbrauens in Zukunft weitaus effizienter gestalten und auch die damit verbundene Umweltbelastung reduzieren. Da das Bierbrauen aber ein sehr traditionsreiches Gewerbe ist, wird es wohl noch eine Weile dauern, bis sich die Branche mit dieser Neuerung anfreundet. Wenn dieser Fall jedoch eintreten sollte, werden sich die bayerischen Brauherren, die 1516 das deutsche Reinheitsgebot erließen, wohl im Grab umdrehen. Das strenge Gesetz legt nämlich fest, dass jegliches Bier nur mit Hopfen, Malz und Wasser – und nichts anderem – zu brauen sei. Ironischerweise wurde damals noch nicht einmal die Hefe als Bestandteil gebilligt, nicht zuletzt, weil man zu jener Zeit weder den Hefepilz noch seine maßgebliche Bedeutung für das Bierbrauen kannte.

DIE HEFE – UNSERE ENTFERNTE VERWANDTE

Nach allgemeiner Auffassung sind Schimpansen die engsten lebenden Verwandten des Menschen. Diese Sichtweise vermittelt jedoch gewissermaßen ein Zerrbild unseres evolutionären Erbes. Unser engster Verwandter in gerade absteigender Linie war *Homo erectus*, eine höchst erfolgreiche Art, die ungefähr 1,8 Millionen Jahre lang existierte und vor einigen 100.000 Jahren ausstarb. Mensch und Schimpanse finden sich auf den jeweils äußersten Verzweigungen im Stammbaum des Lebens wieder, und jene Astgabel, die für die Ausbildung dieser Zweige sorgte, entstand vor ungefähr fünf Millionen Jahren. So weit muss man also in der Zeit zurückgehen, um einen gemeinsamen Vorfahren von Mensch und Schimpanse zu finden.

Wenn man dieses weitverzweigte Astwerk noch ein wenig weiter in der Zeit zurückverfolgt, kann man auch einen gemeinsamen Vorfahren von Mensch und Hefepilz finden. Damit befänden wir uns allerdings schon ungefähr eine Milliarde Jahre früher in der Evolution. Und dennoch gibt es erstaunlich viele genetische Übereinstimmungen zwischen uns und den heute existierenden Hefepilzen. Das belegt jedenfalls ein Experiment von Wissenschaftlern aus Austin/Texas von vor wenigen Jahren.

Die Forscher identifizierten zuerst rund vierhundert für das Überleben und Wachstum der Hefepilze nötige Gene. Danach suchten sie nach Genen, die allem Anschein nach in menschlichen Zellen ähnliche Funktionen ausüben. Schließlich tauschten sie die Gene der Hefezellen gegen die entsprechenden menschlichen Gene aus und deaktivierten die „Original-Gene" der Hefezellen. Auf diese Weise konnten die Forscher beide Gruppen miteinander abgleichen. Solange der Genaustausch keine Auswirkungen zeigte, müssten ihrer Einschätzung nach die Gene im Prinzip übereinstimmen.

Das Experiment zeigte, dass 176 Gene des Hefepilzes durch menschliche Gene ersetzt werden konnten. Ein Gen kann man als eine Art Bauplan für ein bestimmtes Protein bezeichnen. Trotz der schon um eine Milliarde Jahre fortgeschrittenen Evolution besitzen also noch jede Menge Proteine der Hefe und des Menschen einen mehr oder weniger deckungsgleichen Aufbau. Demnach scheint die Evolution zumindest teilweise der Devise zu folgen: „Never change a winning team". Auch wenn es sich in diesem Fall eher um ein Rezept als ein Team handelt.

PENICILLIN – DER BESTE FREUND DES MENSCHEN

Zwischen Pilzen und Bakterien tobt ein endloser Krieg. Da es in beiden Gruppen zersetzende Arten gibt, konkurrieren Pilze und Bakterien um dieselben Nährstoffquellen, beispielsweise um tote organische Materie. Dabei schrecken die Parteien auch nicht vor chemischer Kriegsführung zurück. Die Evolution hat sowohl Pilze als auch Bakterien mit ansehnlichen Waffenarsenalen in Form von chemischen Verbindungen ausgestattet, womit sie den Gegner schwächen oder gar abtöten können. Diese Art der Kriegsführung haben wir Menschen für uns zu nutzen gelernt, wobei die Pilze im Kampf gegen schädliche Bakterien zu unseren Alliierten geworden sind – sie versorgen uns mit Antibiotika.
Antibiotika ist die Bezeichnung für Medikamente zur Abtötung von Mikroorganismen, insbesondere Bakterien. Antibiotika haben einen natürlichen Ursprung. Eine wichtige Pilzgattung ist in diesem Zusammenhang *Penicillium*, Pinselschimmel. Dieser Pinselschimmel hat uns Antibiotika wie Penicillin beschert.
Die Zellwände der meisten Bakterienarten sind aus *Peptidoglycan* aufgebaut, einem Makromolekül, welches das Bakterium wie ein Netz umschließt. Peptidoglycan verstärkt die Zellwand und hindert Flüssigkeit und andere unerwünschte Substanzen am Eindringen in die Zelle. Da sich Bakterien durch Zellteilung fortpflanzen, weitet sich zu Beginn dieses Prozesses die schützende Peptidoglycan-Hülle, woraufhin zwischen den Makromolekülen kleine Löcher entstehen. Das Bakterium stopft diese jedoch rasch wieder mit weiteren Peptidoglycan-Schnipseln, solange kein Penicillin vorhanden ist. Sonst wäre für das Bakterium nämlich Game over.
Penicillin bindet das Peptidoglycan in den kleinen Löchern, die sich während der Zellteilung in der Zellwand des Bakteriums gebildet haben. Das wiederum schwächt die Zellwand so stark, dass die Flüssigkeit außerhalb der Zelle nicht mehr aufgehalten werden kann. Folglich schwillt das Bakterium an, bis es platzt. So geht es also zu, wenn Penicillin eine Bakterieninfektion im Körper bekämpft – die Bakterien werden gesprengt!
Die bakterienabtötenden Eigenschaften des Pinselschimmels wurden eher durch Zufall entdeckt. Das geschah im Jahr 1928 in London. Der Bakteriologe

und Arzt Alexander Fleming war nach einem Kurzurlaub gerade wieder in sein Labor zurückgekehrt und stellte fest, dass eine seiner Bakterienkulturen von Schimmelpilzen befallen worden war. Eigentlich nichts Ungewöhnliches, denn Schimmelsporen kommen in der Luft vor, und außerdem hatte Alexander Fleming nachlässigerweise ein Reinigungsgefäß mit Desinfektionsmittel mit Laborgeräten so vollgestopft, dass die ganz oben liegende Petrischale nicht mehr mit Flüssigkeit bedeckt war. Falls Sie jemals vergessen haben sollten, angeschnittenes Brot vor einer Reise einzufrieren, und bei Ihrer Rückkehr eine pelzige Farbenpracht im Brotkasten vorfanden, wissen Sie bereits, dass Schimmel rasch wachsen kann – erstaunlich rasch. Dass Flemings Bakterienzuchten während seines Urlaubs verschimmelten, kam also nicht gerade überraschend. Was ihn jedoch erstaunte, war die Tatsache, dass die Bakterien um die Schimmelpilze herum abgestorben waren.

Alexander Fleming scheint ein recht empfindsamer Mensch gewesen zu sein, jedenfalls wird behauptet, dass er wenige Jahre zuvor einmal die eine oder andere Träne in eine Bakterienprobe vergossen hätte. Zumindest stellte er fest, dass offenbar irgendein Inhaltsstoff der Tränenflüssigkeit das Bakterienwachstum bremste. Damit hatte er das Enzym *Lysozym* entdeckt, ein Stoff, der ebenfalls die Zellwände von Bakterien zerlegt. Deshalb nahm Alexander Fleming an, dass der Schimmelpilz in besagter Probe ähnliche Eigenschaften besaß, und beschloss, die Sache eingehender zu untersuchen.

Nach viel Kleinarbeit kam er zu der Überzeugung, dass der Schimmelpilz *Penicillium notatum* die Bakterien abgetötet hatte. Die vom Pilz abgesonderte antibakterielle Substanz wurde daraufhin Penicillin genannt. Wie sich herausstellte, wirkte das Penicillin gegen mehrere verschiedene Bakterienarten, und Alexander Fleming realisierte, dass er kurz vor einer bedeutsamen Entdeckung stand. Zu Beginn des vergangenen Jahrhunderts lag die durchschnittliche Lebensdauer der Menschen in den Industrienationen der Welt noch unter 50 Jahren. Schon oberflächliche Wundinfektionen führten häufig zum Tod, und

Pilze der Gattung Pinselschimmel (*Penicillium*) erhielten ihren Namen wegen der Anordnung ihrer Fruchtkörper, die an einen Malerpinsel erinnert.

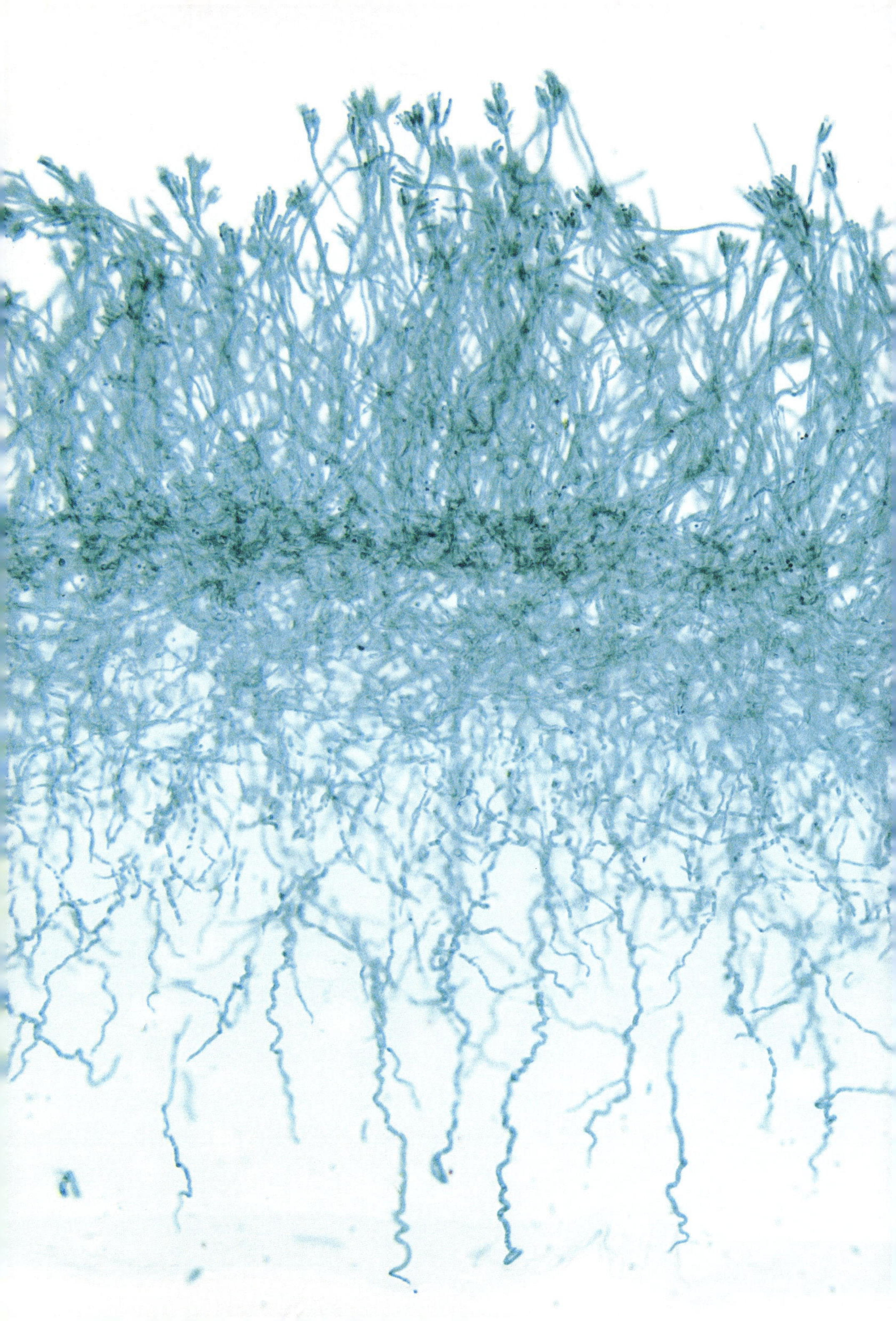

auch bakterielle Erkrankungen wie Cholera, Diphtherie, Lungenentzündung, Tuberkulose, Typhus und Syphilis galten als lebensbedrohlich. Vielleicht würden sie sich mit Penicillin heilen lassen, so Flemings Überlegungen.

Der Bakteriologe publizierte seine Entdeckungen im Jahr 1929. Doch das öffentliche Interesse daran legte sich rasch wieder. Die Bereitstellung umfangreicher Forschungsmittel blieb aus, und seine Arbeit mit dem Penicillin geriet ins Stocken. Einige Jahre später wurden die Studien jedoch wiederaufgenommen, diesmal von zwei Wissenschaftlern der Oxford University, Howard Florey und Ernst Chain.

Den Forschern aus Oxford gelang es, Penicillin in Pulverform herzustellen. Versuche an Mäusen zeigten, dass das Pulver höchst effektiv gegen einen Bakterienbefall wirkte. Doch schon die Bereitstellung einer ausreichenden Menge Penicillin für die Behandlung eines einzigen Patienten erwies sich als außerordentlich schwierig und teuer. Nach der Absage eines britischen Arzneimittelherstellers konnten die Forscher jedoch in den USA ein Penicillin-Projekt starten. Dieses Projekt löste einen Schneeballeffekt aus und sollte sich schließlich zur größten Investition der Pharmaindustrie in der Weltgeschichte entwickeln. Gegen Ende des Zweiten Weltkrieges war die Massenproduktion von Penicillin in vollem Gange. Das Medikament rettete Tausenden von verwundeten Soldaten das Leben, und nach Kriegsende erhielt auch die Zivilbevölkerung Zugang zu der neuen Wundermedizin. Howard Florey, Ernst Chain und Alexander Fleming wurden 1945 mit dem Nobelpreis für Medizin und Physiologie belohnt. Es gibt wohl nur wenige Wissenschaftler, die den Wunsch Alfred Nobels nachhaltiger erfüllt haben, diesen Preis jenen Forschern zuteilwerden zu lassen, die „der Menschheit den größten Nutzen erbracht haben«.

Mittlerweile liegen die Anfänge der Massenproduktion von Penicillin über 75 Jahre zurück, und innerhalb dieser Zeitspanne sind bereits über 100 Antibiotikapräparate entwickelt worden. Einige von ihnen zerstören die Zellwände der Bakterien, während andere sie an der Bildung lebenswichtiger Proteine und Vitamine hindern. Es gibt aber auch Antibiotika, die mittels einer Fehlsteuerung die Zellteilung bei Bakterien hemmen. Antibiotika haben schon Millionen von Leben gerettet, doch jetzt scheint die Effektivität dieser Wundermedizin ihren

Zenit erreicht zu haben, denn immer mehr Bakterienarten werden resistent. Schon jetzt sterben allein innerhalb der EU jährlich 25.000 Menschen an den Folgen einer Antibiotikaresistenz. Sollte sich dieser Negativtrend fortsetzen, wird sich die Anzahl der Todesfälle im Jahr 2050 verzehnfacht haben. Der Weltgesundheitsorganisation WHO zufolge gelten Antibiotikaresistenzen nach dem Klimawandel sogar als größte Bedrohung der Menschheit.

Eigentlich sind Resistenzen gegen Antibiotika etwas ganz Natürliches. Man kann sie sozusagen als Folge des „Chemiewaffenkrieges" ansehen, der schon seit Millionen von Jahren zwischen Pilzen und Bakterien tobt – manchen Bakterienarten ist es schlicht und einfach gelungen, Verteidigungsstrategien gegen eine oder mehrere dieser antibakteriellen Substanzen zu entwickeln, die Pilze produzieren. Die meisten resistenten Bakterien sind für den Menschen jedoch ungefährlich. Allerdings sind Bakterien in der Lage, genetisches Material untereinander auszutauschen; die Gene können sozusagen zwischen den verschiedenen Bakterienarten hin und her springen. Auf diese Weise werden bestimmte Anlagen für Resistenzen von ungefährlichen Arten an gefährliche weitergegeben. Doch selbst das ist ein natürlicher Prozess. Warum also nehmen die Resistenzen zu?

Einer der Gründe dafür liegt darin, dass Antibiotika in der Medizin bislang ziemlich leichtfertig eingesetzt wurden. Da Virusinfektionen ähnliche Symptome aufweisen wie bakterielle Infektionen, verabreicht man sowohl Tieren als auch Menschen mit derartigen Symptomen routinemäßig Antibiotika, obwohl diese Medikamente wirkungslos gegen Viren sind. Gleichzeitig bietet jede Antibiotikabehandlung den resistenten Bakterien ungeahnte Möglichkeiten – weil alle anderen Bakterien vernichtet wurden, können sie das gesamte Nährstoffangebot nutzen und sich massenhaft vermehren. Auf diese Weise verbreiten sich die Anlagen für Resistenzen innerhalb einer Bakterienart oder -sorte.

Dass immer weniger neue Antibiotikasorten entwickelt werden, ist ein weiterer beunruhigender Trend. Einer der Gründe dafür ist, dass die Pharmakonzerne inzwischen „die am niedrigsten hängenden Früchte geerntet" haben, also mit relativ geringem Aufwand große Erfolge erzielen konnten. Neue Antibiotikasorten zu entwickeln, würde bedeuten, unbekanntes Territorium zu erschließen,

was zeitaufwendig und kostenintensiv ist. Eine Lösung könnte darin bestehen, Medikamente auf der Basis von *Bakteriophagen* zu entwickeln, also Viren, die ausschließlich Bakterien befallen. Ferner bestünde die Möglichkeit, bakterienabtötende Substanzen aus den Bakterien selbst zu gewinnen. Diese liefern sich nämlich nicht nur einen Krieg mit den Pilzen, sondern führen auch einen flächendeckenden Bürgerkrieg innerhalb ihres eigenen Reiches. Wissenschaftler der Technischen Hochschule Chalmers in Göteborg haben sich allerdings für einen anderen Weg entschieden. Sie sind innerhalb dieses Forschungsgebietes zu den Wurzeln zurückgekehrt – oder besser gesagt zum Myzel. Die Forscher haben die Erbmasse von 24 verschiedenen Pinselschimmel-Arten analysiert, also der Pilzgattung, die auch in der verunreinigten Petrischale des Bakteriologen Alexander Fleming heranwuchs und letztlich zur Entwicklung des weltweit ersten Antibiotikums, dem Penicillin, beitrug.
Gemäß den Analysen der Forscher können allein diese Arten über 1.000 verschiedene Chemikalien zur Verteidigung produzieren. Demnach sollten die Chancen gut stehen, neue Antibiotikasorten auf der Grundlage von Pinselschimmel zu entwickeln. Dies würde zwar einiges kosten und jede Menge Arbeit erfordern, doch schließlich war es auch bei der Entwicklung des ersten Penicillins ganz ähnlich. Warum sollte es nicht möglich sein, diesen Prozess ein weiteres Mal anzukurbeln, wo er doch schon einmal durchlaufen wurde?

WIE GESUND SIND SPEISEPILZE?

Weltweit werden ungefähr 350 Pilzarten verzehrt. Speisepilze machen also nur einen Bruchteil der Artenvielfalt im Reich der Fungi aus, wenn man bedenkt, dass bisher 100.000 Arten bekannt und vermutlich noch Millionen weitere neu zu entdecken sind. Wie bereits erwähnt, erntet man für den Verzehr die Fruchtkörper der Pilze. Die Bezeichnung „Fruchtkörper" ist eigentlich ziemlich

Der Austern-Seitling (*Pleurotus ostreatus*) wird in Kulturen auf Stroh gezüchtet, wächst aber auch wild.

irreführend, denn im Allgemeinen fungieren die Früchte von Pflanzen gewissermaßen als Honorar für einen Dienst. Ziel der Pflanze ist es, dass Tiere ihr Fruchtfleisch fressen, ohne dabei die Samen zu zerstören. Die Tiere spucken diese wieder aus oder sondern sie mittels ihrer Ausscheidungen in geeigneter Umgebung ab, wo sie keimen können. Pflanzen setzen also auf die Verbreitung ihrer Samen im Austausch gegen eine Mahlzeit. Deshalb verwundert es auch nicht weiter, dass Früchte überwiegend süß, wohlriechend und bunt sind, denn all diese Eigenschaften erhöhen die Wahrscheinlichkeit für die Verbreitung der Pflanzensamen.

Doch die meisten Pilze sind hinsichtlich der Verbreitung ihrer Sporen unabhängig von Tieren, denn sie verlassen sich eher auf den Wind. Kein Wunder also, dass viele Waldpilze giftig sind. Schließlich wollen sie ihre Sporen vor Angriffen schützen, damit sie nicht in den ausgehungerten Mägen von Tieren oder im vor sich hin köchelnden Ragout der Pilzsammler zugrunde gehen. Im Gegenteil, verwunderlich ist eher, dass es im Reich der Fungi ganze 350 ungiftige, noch dazu wohlschmeckende Arten gibt. Aber wie nahrhaft sind unsere Speisepilze eigentlich?

Die Fruchtkörper, die wir umgangssprachlich Speisepilze nennen, bestehen zu 90 Prozent aus Wasser. Das können alle bestätigen, die schon einmal ihre reiche Pfifferlingsernte in der Bratpfanne zu einer winzig kleinen Menge haben zusammenschrumpfen sehen, sodass diese gerade mal für ein Sandwich reichte. Durch den hohen Wassergehalt von Pilzen haben rohe Pilze zwar einen niedrigen Kaloriengehalt, enthalten aber auch nur wenige Nährstoffe pro Gewichtseinheit. Der Eiweißgehalt eines gewöhnlichen Champignons liegt bei ungefähr drei Prozent, Kohlenhydrate machen drei bis vier Prozent aus, und der Fettgehalt ist zu vernachlässigen. Pilze sind also kalorienarm, aber wegen ihres geringen Proteingehalts nur ein schlechter Ersatz für Fleisch oder Hülsenfrüchte. Bei der Zubereitung von Pilzen, zum Beispiel beim Dünsten, verdampft ein Teil des Wassers. Infolgedessen steigt der Nährwert im Vergleich zum Gesamtgewicht. Demzufolge müssten getrocknete Pilze also die reinsten Proteinbomben sein. Da man aber getrocknete Pilze für gewöhnlich in Wasser einlegt bevor sie weiterverarbeitet werden, und Pilze wie Spülschwämme große Mengen an

Flüssigkeit aufsaugen, ist man rasch wieder am Ausgangspunkt. Zur Verteidigung der Pilze lässt sich jedoch sagen, dass sie ziemlich viele Ballaststoffe sowie einen recht hohen Gehalt an den Vitaminen A, B und D haben. Außerdem liefern sie einige wichtige Mineralstoffe wie Phosphor, Kalium, Eisen, Zink und Selen. Deshalb leistet die Mehrzahl der Speisepilze einen wertvollen Beitrag zu einer abwechslungsreichen, vollwertigen Kost – die außerdem gratis ist, wenn man die Pilze selbst sammelt.

EIN STREUNENDES PACK VON KRÖTENHÜTEN

Der Verzehr von Pilzen ist ein recht neumodisches Phänomen in Schweden. Dem Schriftsteller und Pilzexperten Anders Hirell zufolge galten Pilze lange Zeit als Viehfutter. Selbst in Notzeiten zog man es vor, Laub und Pferdemist zu essen, oder gar seine eigenen Stiefel zu zerkauen. Heute ist kaum noch nachvollziehbar, wo diese Angst vor Pilzen ihren Ursprung hatte. Zum einen beruhte sie sicherlich darauf, dass viele Arten giftig sind, doch in vielen anderen Ländern unserer Breitengrade wurden Pilze trotz des Risikos verzehrt. In Russland und Estland beispielsweise salzte man Pilze in großen Bottichen für den Winter ein. Der schwedische Ethnologe Bengt af Klintberg beschreibt in seinem Essay „Krötenhüte" (im Original „Paddehattar«), wie der volkstümliche Glaube in Schweden dazu führte, dass man Pilze aufgrund ihres Aussehens und ihrer Lebensweise mit Obskurem und Mystischem verknüpfte. Der Titel leitet sich von einem altertümlichen, aus Südschweden überlieferten Sammelbegriff für Pilze ab. Ebenso wie giftige Kröten, die man damals der Unterwelt zuschrieb, haben auch Pilze mitunter eine schleimige Konsistenz. Zudem können sie sonderbare Farben und Formen annehmen. Ferner wachsen sie im Schatten der Bäume im Halbdunkel, anstatt im hellen Tageslicht, das auf den Äckern die frischen Saaten gedeihen lässt. Deswegen, so Bengt af Klintberg, gehörten die Pilze „derselben unheimlichen, angsteinflößenden Fantasiewelt wie Trolle und Gespenster" an. Die Tatsache, dass Pilze früher als ungenießbar galten, hing auch damit zusammen, dass man noch nichts über ihr unterirdisches Myzel wusste. Dadurch setzte sich die Meinung fest, dass Pilze dort wachsen, wo Tiere und Menschen ihren Urin und Kot hinterlassen haben. Noch bis ins 18. Jahrhundert hinein galt dies als weitverbreitete Erklärung sowohl innerhalb der Wissenschaft als auch in allen Gesellschaftsschichten.

Es waren also nicht nur die armen Leute, die jene Krötenhüte verabscheuten. Auch Carl von Linné, der schon bei der Klassifizierung von Pilzen mit sich rang, hatte wie erwähnt seine Schwierigkeiten mit ihnen. In seiner Rede von 1772 über den Liebreiz der Natur, *Deliciae Naturae*, nannte er sie „ein streunendes Pack, das sich alles einverleibt, was zurückgelassen wurde, nachdem Flora sich im Herbst in ihr Winterquartier zurückgezogen hatte«.

Im 17. Jahrhundert wurde Schweden zur Großmacht, was letztlich auch zur Bereicherung der Esskultur führte, zumindest in der herrschenden Klasse. Die Adligen schauten sich die Vorliebe für den Pilzverzehr von der französischen Oberschicht ab. Diese neue Essgewohnheit sollte sich im Lauf der Zeit bis in die bürgerlichen Schichten hinein verbreiten. Einen wesentlichen Anteil daran hatte auch Marschall Jean Baptiste Bernadotte, der im 19. Jahrhundert vom schwedischen König Karl XIII adoptiert und schließlich zu König Karl XIV Johann geadelt wurde. Die Tatsache, dass Pilze an seinem Hof als Delikatessen galten, entging auch seinem Volk nicht. Später dann wurde der beliebte Speisepilz namens Gemeiner Steinpilz (*Boletus edulis*) auf den Namen des Königs getauft. Heute nennt man ihn in Schweden vorzugsweise Karljohan. Doch die Landbevölkerung scheute die Speisepilze weiterhin lange. Während der Hungerjahre um die Mitte des 19. Jahrhunderts wurden zwar große Werbekampagnen gestartet, mit denen man die Leute zum Verzehr von Pilzen animieren wollte, jedoch ohne großen Erfolg. Erst zu Beginn des 20. Jahrhunderts nahm das Interesse am Sammeln und am Verzehr von Pilzen allmählich zu. In den Städten wurde es bald zu einem Trend, der sich ganz allmählich auch auf ländliche Gegenden ausweitete. Die in unmittelbarer Nähe zu den Pilzrevieren lebenden Menschen gehörten also zu den Letzten, die diese schmackhafte Nahrungsquelle zu schätzen lernten.

TROLL-EI UND KATZENBIRNE

Die alten mundartlichen Namen des Bovisten oder Stäublings zeigen deutlich, welch schlechten Ruf die Pilze früher hatten, und wie stark man sie mit Krankheiten, Exkrementen und furchterregenden Wesen verknüpfte:

Blindpilz
Fähenfurz
Blutstillende Hexe
Räucherknolle
Staub-Lunte
Schnaufpott
Katzenbirne
Troll-Ei
Geisterblähe
Nymphenpelz
Teuflische Schnupftabakdose

Quelle: Bengt af Klintberg, Kuttrasju – Folkloristische und kulturhistorische Essays. *Norstedts, 1998.*

GEMEINER SAMTFUSSRÜBLING

Flammulina velutipes

Einer der wenigen Speisepilze, die man im Winter ernten kann, deshalb auch Winterpilz genannt. Sein Stiel ist samtig beschaffen und sein Hut honiggelb und schmierig. Dieser wohlschmeckende Speisepilz wächst an Stämmen und Stümpfen von Laubbäumen. Man verwendet ausschließlich die Hüte. Der Samtfußrübling gilt auch in Teilen Asiens als beliebter Speisepilz, wo er Enoki oder Enokitake genannt wird.

JUDASOHR

Auricularia auricula-judae

In Schweden kommt er nur selten vor, dafür häufig in großen Teilen Asiens, wo er als Speisepilz sehr geschätzt wird, auch wenn sein Aussehen an das Ohr eines Trolls erinnert.

GEMEINER SCHWEFELPORLING

Laetiporus sulphureus

Der Gemeine Schwefelporling wächst an Baumstämmen, insbesondere von Eichen, wo er seine flachen, stark komprimierten Fruchtkörper fächerartig ausbildet. Er sieht mit seiner schwefelgelben bis orangen Färbung prächtig, aber ungenießbar aus. Dennoch gilt er als Delikatesse. Die englische Bezeichnung lautet wegen der an Hühnerfleisch erinnernden Konsistenz „Chicken of the Woods". Allerdings sollte man bei diesem Pilz Vorsicht walten lassen, da es zu Überempfindlichkeiten kommen kann.

SCHARFER KORKSTACHELING

Hydnellum peckii

Dieser Pilz erinnert mit etwas Fantasie an einen Nachtisch, bestehend aus Vanilleeis mit Tupfern aus Beerengelee. Er ist essbar, schmeckt jedoch ziemlich bitter, und seine Konsistenz ist leicht korkartig. In Schweden kommt er allerdings selten vor, überwiegend in Nadelwäldern.

DAS LEBEN IN EINER TÜTE

*In den vergangenen Jahren haben sich Pilzzüchter vermehrt dem Anbau neuer Arten gewidmet. Ein Beispiel dafür ist Shiitake (*Lentinula edodes*), ein schwer zu züchtender, aber durchaus nachgefragter Pilz, auch Kastanien- oder Pasaniapilz genannt. Man züchtet ihn entweder in Plastiktüten auf sterilen Holzspänen aus Laubbäumen oder auch auf Baumstümpfen, wo es allerdings zwei Jahre bis zur Ernte dauern kann.*

WARUM KANN MAN PFIFFERLINGE NICHT ZÜCHTEN?

Die Antwort auf die Frage, die mir meine Tochter im Pilzwald stellte, liegt eigentlich auf der Hand, zumindest, wenn man dieses Buch von Anfang an gelesen hat. Wie schon in Kapitel 3 erwähnt, haben viele Pilze, die gemeinsam mit Bäumen Mykorrhiza ausbilden, ihre Fähigkeit verloren, Cellulose zu zersetzen. Folglich hängt ihr Überleben von ihren Kooperationspartnern ab. Wenn man also Pfifferlinge züchten möchte, muss man dies entweder zwischen Bäumen im Wald tun oder erst die entsprechenden Bäume züchten. Das mag vielleicht unrealistisch klingen, aber mehrere schwedische Wissenschaftler haben genau das getan.

In den 1990er-Jahren entwickelte der Forscher Eric Danell an der Schwedischen Universität für Agrarwissenschaften in Uppsala eine Methode zum Züchten von Pfifferlingen. Seine erste Herausforderung bestand darin, reines Pfifferlings-Myzel zu isolieren. Danell entfernte dafür Teile des Myzels von Pfifferlingen und züchtete es in einer Nährstofflösung. Doch unglücklicherweise gerieten dabei auch jede Menge Bakterien und andere Pilzarten in die Lösung, weshalb umfangreiche DNA-Analysen nötig waren, um sicherzugehen, dass darin auch wirklich Pfifferlings-Myzel heranwuchs.

„Es erforderte viel Handarbeit und wurde furchtbar teuer", berichtet Eric Danell. Als es ihm schließlich gelungen war, reines Pfifferlings-Myzel heranzuzüchten, stand er vor der nächsten Herausforderung, nämlich Mykorrhiza zu züchten. Laut Plan sollte das Pfifferlings-Myzel mit den Wurzeln von einen Monat alten Kiefern- und Fichtensetzlingen zusammenwachsen. Dieser Prozess musste allerdings in einem sterilen Milieu stattfinden, da das Myzel in dieser Phase äußerst anfällig ist.

„Die Pfifferlings-Hyphen benötigen eine Art Nuckelflasche mit reiner Zuckerlösung, um zu den Wurzeln zu finden."

Es dauerte drei Monate, bis die Mykorrhiza herangewachsen war. Dann wurden die kleinen Kiefern- und Fichtensetzlinge in Töpfe gepflanzt und in ein gewöhnliches Gewächshaus umgesiedelt. Nach einem Jahr sprossen die ersten Pfifferlinge aus den Töpfen.

„Wissenschaftlich betrachtet haben wir gelernt, dass es für die Ausbildung von Pfifferlings-Mykorrhiza mit jungem Pflanzgut keine physiologischen Hinderungsgründe gibt. Aber der nötige Zeitaufwand für das Wachstum der Pflanzen und die Ausbildung von Myzel macht es unrentabel", erklärt Eric Danell. Champignons hingegen bilden keine Mykorrhiza aus, was einer der Gründe dafür ist, dass sie sich zum Züchten eignen. Champignons können ihre Nährstoffe aus Cellulose gewinnen und werden deswegen in Kompost aus Stroh, Dung und Kalk gezüchtet. Die Herstellung dieses Komposts ist allerdings recht arbeitsintensiv, weil er belüftet, gewässert und schließlich auch noch sterilisiert, also keimfrei gemacht werden muss, bevor man ihn für die Champignonzucht nutzen kann.

In Schweden werden ungefähr 1.700 Tonnen Champignons jährlich gezüchtet. Bevorzugt wird der Zucht-Champignon oder Zweisporige Egerling (*Agaricus bisporus*) angebaut, also die weiße Sorte, die man im Supermarkt findet. Wussten Sie übrigens, dass *Agaricus portobello* auch eine Zucht-Champignonart ist? Diese Variante bringt besonders große Exemplare hervor.

DER ESSBARE GIFTPILZ QUORN

Am Rande der kleinen Gemeinde Stokesley im Nordosten Englands steht eine ungewöhnliche Fabrik. Auf der Anlage ragen riesige Stahltanks in den Himmel, die an senkrecht stehende U-Boote erinnern. In den Silos, die mit einer süßlichen Flüssigkeit gefüllt sind, werden rasant wachsende Pilze gezüchtet. Es sind Giftpilze aus der Gruppe der Schimmelpilze, die zur Abteilung der Schlauchpilze gehören. Sie werden auch häufig in Restaurants angeboten.

Der Begriff „Schimmelpilz" lässt einem nicht gerade das Wasser im Munde zusammenlaufen. Aber viele von uns haben diesen Pilz schon probiert. Die Pilze in den U-Boot-Silos in England werden unter dem Handelsnamen Quorn vertrieben. Ihr wissenschaftlicher Name lautet *Fusarium venenatum*. Die Gattung *Fusarium* hat jedoch einen ziemlich schlechten Ruf, da sie mehrere Arten umfasst, die schwere Schäden an Getreide verursachen. Darüber hinaus gibt

es auch Arten, die beim Menschen Entzündungen hervorrufen, was bei *Fusarium venenatum* allerdings nicht der Fall ist.
Die gesamte Weltproduktion von Quorn stammt aus gerade mal zwei Fabriken in England, von denen die in Stokesley die ursprüngliche ist. Ihre Gesamtproduktion beträgt 40.000 Tonnen pro Jahr.
Dem Wasser in den hohen Fabriksilos werden Zucker, Mineralstoffe und Pilze zugesetzt. Leistungsstarke Pumpen pressen von unten Luft hinein, wodurch die Flüssigkeit mit Sauerstoff angereichert und ständig in Bewegung gehalten wird. Dabei wirbeln die Pilze bis in den oberen Bereich des Tanks hoch, wo sie durch ein Seitenrohr wieder hinabgeleitet werden. Dieser Prozess wird von einem technischen Kontrollraum aus minutiös überwacht. Die mit Sauerstoff angereicherte Zuckerlösung bietet optimale Wachstumsbedingungen für *Fusarium venenatum*. Die Pilzzellen teilen sich ungefähr alle fünf Stunden, und mit nur einigen wenigen Gramm lassen sich innerhalb eines Zeitraums von sechs Wochen unglaubliche 1.500 Tonnen Pilzprotein erzeugen. Das rasche Wachstum der Pilze zieht allerdings auch ein Problem nach sich. Da sich die Zellen durch Zellteilung vermehren, ist eine vorherige Verdoppelung des Erbguts nötig. Aufgrund der enormen Teilungsrate in den Zuchtsilos enthalten die Zellen einen recht hohen Anteil an Erbgut. Für den Menschen sind solche Organismen jedoch giftig, weil das Erbgut in unserem Körper zu Harnsäure abgebaut wird. Ein erhöhter Harnsäurespiegel kann zu Gichterkrankungen und zur Bildung von Nierensteinen führen.

TRÜFFEL – DAS WEISSE GOLD

*Es gibt verschiedene Trüffelarten, von denen der Weiße Trüffel oder Alba-Trüffel (*Tuber magnatum*) am begehrtesten ist. Im Jahr 2007 hat man in Pisa/Italien einen 1,5 Kilo schweren Weißen Trüffel gefunden. Er wurde für über 300.000 Euro verkauft. Das entspricht einem Kilopreis von über 200.000 Euro. Zum Vergleich: Gold kostet aktuell knapp 50.000 Euro pro Kilo – Trüffel können also durchaus viermal so teuer sein.*

Bevor das Pilzprotein also zu vegetarischem Hack, Würsten oder anderen Quorn-Produkten verarbeitet werden kann, muss das Erbgut entfernt werden. Dies geschieht jedoch nicht mittels Chemikalien, sondern unter Hitzeeinwirkung. Die Pilzmasse wird für ungefähr 30 Minuten bis auf 70 Grad Celsius erhitzt. Dadurch lassen sich bestimmte Enzyme aktivieren, die das Erbgut schreddern und aus den Zellen abtransportieren. Unglücklicherweise entfernt man dabei jedoch auch einen gewissen Teil der Proteine. Der Reinigungsprozess führt letztlich zu einem Ernteverlust von 30 Prozent, sorgt im Gegenzug aber für einen sicheren Genuss. Jedenfalls einen fast sicheren, denn einige wenige Menschen reagieren allergisch auf dieses Pilzprotein.

Die Zucht von Quorn hat also rein gar nichts mit wogenden Kornfeldern oder friedlich grasenden Kühen auf saftig grünen Wiesen zu tun. Die dröhnenden Gärsilos erinnern eher an die Tankanlagen einer Ölraffinerie als an eine landwirtschaftliche Produktionsstätte. Das soll jedoch den Wert des Lebensmittels Quorn nicht schmälern, ganz im Gegenteil. Der Herstellungsprozess erfordert nämlich weder Schädlingsbekämpfungsmittel noch können etwaige Umweltgifte aus dem Grundwasser, dem Boden oder der Luft in Kontakt mit den Pilzen kommen. Außerdem ist der Ertrag um ein Zehnfaches höher als beispielsweise bei der Produktion von Rindfleisch.

Quorn wurde in den 1960er-Jahren entwickelt, als der Industriemagnat Joseph Arthur Rank auf der Suche nach einer neuen Proteinquelle war. Er wollte dem Eiweißmangel beziehungsweise der Unterernährung in vielen Entwicklungsländern entgegenwirken, die im Zuge des starken Bevölkerungswachstums erwartet wurde. Heute, mehr als 50 Jahre später, hat die Weltbevölkerung bereits die Grenze von sieben Milliarden Menschen weit überschritten, von denen schätzungsweise 800 Millionen unterernährt sind. Quorn und ähnliche Lebensmittel liefern genau das, was zur Eindämmung dieses Problems vonnöten ist: eine vollwertige Eiweißquelle, die aus preiswerten und leicht zugänglichen Rohstoffen gewonnen werden kann. Gegenwärtig ist Quorn jedoch ein ziemlich exklusives Produkt mit einem Markt in Westeuropa und den USA. Quorn bietet also dem Hunger in der Welt keinen Einhalt, trägt aber hoffentlich dazu bei, den übermäßigen Fleischkonsum in den Wohlstandsländern zu verringern.

IN DER INDUSTRIE EINGESETZTE PILZE

Pilze sind Meister darin, Enzyme für die Zersetzung robuster Materialien bereitzustellen. Deshalb eignen sie sich hervorragend für ein breites Spektrum an industriellen Fertigungsprozessen. Enzyme sind Eiweiße, die chemische Reaktionen regulieren, eine Eigenschaft, die man sich im gesamten Produktionssektor zunutze machen kann. Mit dem Einsatz natürlich vorkommender Enzyme lassen sich chemische Prozesse beschleunigen, für die sonst hohe Temperaturen, mechanische Bearbeitung oder auch starke Chemikalien nötig wären. Richtig angewandt sind Enzyme also gut fürs Portemonnaie und auch für die Umwelt.

Papier wird bekanntlich aus Holz gewonnen. Und da Pilze Enzyme produzieren, die alle Bestandteile des Holzes zersetzen können – *Cellulose*, *Hemicellulose* und *Lignin* – liegt es nahe, sie in der Papierindustrie einzusetzen. Mit der Anwendung von Pilzenzymen lassen sich sowohl die Emissionen als auch der Wasser- und Energieverbrauch bei diesem Prozess verringern.

Auch in der Lederindustrie werden Enzyme aus dem Reich der Pilze eingesetzt, unter anderem bei der Entfettung von Tierfellen. Die Baumwollindustrie nutzt für gewöhnlich Wasserstoffperoxid zum Bleichen. Da Wasserstoffperoxid jedoch giftig ist, müssen die anfallenden Abwässer mithilfe eines Enzyms namens *Katalase* gereinigt werden. Das Enzym kommt in vielen verschiedenen Organismen vor, beispielsweise auch im menschlichen Speichel. In der Textilindustrie wird jedoch die Katalase der Pilzgattung *Aspergillus* verwendet. Ein weiteres Enzym im menschlichen Speichel heißt *Amylase*. Auch dieses findet in der Textilindustrie Anwendung. Amylase aus der Pilzgattung *Aspergillus* nutzt man beispielsweise, um Stoffen die Stärke zu entziehen.

Das weltweit erste industriell hergestellte Enzym war eine solche aus Pilzen gewonnene Amylase. Dies geschah bereits im Jahr 1894, und sie wurde für medizinische Zwecke, insbesondere für die Behandlung von Verdauungsbeschwerden, eingesetzt.

Organische Textilien können mittels Pilzenzymen in Form von Cellulasen zersetzt werden, wovon man bei der Jeans-Herstellung Gebrauch macht. Eine

angemessene Dosis Cellulase der Pilzgattung *Trichoderma* entfernt jegliche überschüssigen Fäden, also die sogenannten Noppen, aus dem vorgefertigten Jeansstoff.

Cellulase wird ebenfalls verwendet, um Jeans einen ausgeblichenen und leicht zerschlissenen Look zu geben. Es löst die Farbpartikel aus dem Stoff und greift seine Oberfläche an. Der Prozess nennt sich *Bio-Stoning* und ist eine umweltfreundliche Alternative zum *Stone-Washing*, der Bearbeitung mit Bimssteinen oder Sandstrahlen.

Dem Schweden Örjan Andersson, Mitgründer der Jeansmarke Cheap Monday im Jahr 2004, wurde die Hilfe von Pilzen sogar in einer weitaus persönlicheren Hinsicht zuteil. Denn bei seiner Jagd nach der perfekt zerschlissenen Jeans schoss er etwas übers Ziel hinaus. Der Freak wurde wegen seiner Denim-Manie auch scherzhaft Jeansprofessor genannt. Er trug ein ganzes Jahr lang jeden Tag dieselbe Jeans, ohne sie zu waschen. Dementsprechend wurde die Hose wunschgemäß zerschlissen, doch auf seinem Allerwertesten bildeten sich infolge einer Bakterieninfektion große Eiterbeulen. Als die Schmerzen so stark wurden, dass er kaum noch sitzen konnte, eilten ihm unsere Alliierten, die Pilze, zur Hilfe. Ein Arzt verschrieb dem Geplagten Penicillin, wodurch die Bakterien schließlich abgetötet wurden. Höchstwahrscheinlich hatte das Nobelkomitee mitnichten die Heilung des wunden Gesäßes eines Modeschöpfers im Hinterkopf, als es Alexander Fleming mit dem bedeutsamen Preis bedachte. Und dennoch ist es wohl kaum ein Zufall, dass der britische Professor für Bakteriologie gute 75 Jahre nach seiner revolutionierenden Entdeckung im unaufgeräumten Labor einem anderen „Professor", der es ebenfalls mit der Reinlichkeit nicht so genau nahm, eine helfende Hand reichen konnte.

Aspergillus, eine Pilzgattung fleißiger und leistungsstarker Industriearbeiter.

LEDER UND LEGO AUS PILZEN

Jedem, der schon einmal einen Baumpilz in der Hand hielt, also einen Pilz, der häufig direkt an Baumstämmen wächst, ist bestimmt aufgefallen, wie lederartig er sich anfühlt. Die Fruchtkörper dieser Baumpilze sind aus stark komprimiertem Myzel aufgebaut. Ein amerikanisches Unternehmen hat sich diesen Aufbau zunutze gemacht und aus dem Myzel des Glänzenden Lackporlings Kunstleder entwickelt. Ein anderes Unternehmen entwickelte ebenfalls ein auf Pilzen basierendes Produkt, das Styropor als Verpackungsmaterial ersetzen kann. Hauptbestandteil ist ein Myzel, das in den Rückständen von Hanfzuchten gewachsen ist.

Kunststoff besteht zu großen Teilen aus *Polymeren*, also langen, auf Kohlenstoff basierenden Molekülketten. Die verarbeiteten Polymere werden für gewöhnlich aus verschiedenen Mineralölerzeugnissen hergestellt. *Acrylsäure* ist eines davon. Durchaus möglich ist aber auch die Gewinnung entsprechender Polymere aus *Itaconsäure*, die sich aus einem Pilz der Gattung *Aspergillus* gewinnen lässt. Itaconsäure wird unter anderem zur Produktion von synthetischem Gummi verwendet, was letztlich bedeutet, dass man aus Pilzen Gummi herstellen kann. Dieses ist nur eines von vielen Beispielen dafür, wie natürliche Polymere die traditionellen Varianten auf Ölbasis ersetzen können. Beim Spielzeughersteller Lego prüft man übrigens gerade, ob sich die beliebten Bausteine auch aus Itaconsäure fertigen lassen. Damit würde das Unternehmen zweifelsohne einen großen Beitrag zur Reduzierung der Umweltbelastung leisten. Aber die unerträglichen Schmerzen, die einem in die Fußsohle schießen, wenn man im unaufgeräumten Kinderzimmer aus Versehen auf einen dieser bunten Steine tritt, ließen sich dadurch vermutlich noch immer nicht lindern.

Dies ist nur eine kleine Auswahl an Beispielen für vorzügliche Materialien, die sich mithilfe von Pilzen entwickeln lassen. Lesen Sie in Kapitel 6 mehr über zukünftige Anwendungsgebiete.

Die „Lederjacken" der Zukunft können aus dem Glänzenden Lackporling (*Ganoderma lucidum*) kreiert werden.

5 | DIE DUNKLE SEITE DER MACHT

Wie viele Leben haben Pilze auf dem Gewissen?

In den vorangegangenen Kapiteln habe ich im Wesentlichen die positiven Eigenschaften von Pilzen beschrieben. Doch nun ist es an der Zeit, einige problematische Arten zu benennen. Manche von ihnen zerstören ganze Ernten im Wert von Millionenbeträgen. Andere befallen Bäume oder mitunter auch ganze Wälder und Tiere. Eine äußerst raffinierte Pilzart kann beispielsweise Insekten in willenlose Zombies verwandeln. Darüber hinaus können auch die auf der menschlichen Haut lebenden Pilze unversehens zur Attacke blasen. Sobald es ihnen gelingt, in den Körper einzudringen, kann die Sache ziemlich übel ausgehen. Willkommen auf der Schattenseite des Pilzreichs. Lassen Sie mich einleitend eine absolut wahre und durchaus lehrreiche Geschichte über die Gefahren von psychedelischen Pilzen erzählen.

Sie ereignete sich Mitte der 1980er-Jahre. Ich befand mich zusammen mit einem Freund am Stadtrand von Norrköping in der Nähe einer Weide. Dieser Freund, den ich hier P. nennen möchte, hatte irgendwo gehört, dass man sich mithilfe bestimmter, auf Kuhweiden wachsender Pilze in einen Rausch versetzen kann. „Sie heißen Spitzkegelige Kahlköpfe, und man soll sie roh essen, um die bestmögliche Wirkung zu erzielen“, erklärte P. mit Kennermiene.

Ich wusste nicht recht, ob das eine so gute Idee wäre. Spitzkegelige Kahlköpfe wachsen nämlich direkt in den Kuhfladen, und diese Pilze roh zu essen, klang in meinen Ohren nicht besonders verlockend. Außerdem standen jede Menge gefährlich aussehende Jungbullen auf der Weide und beäugten uns neugierig.

Einige Arten der Gattung *Ophiocordyceps* wachsen aus den Köpfen von Insekten heraus.

Wir sprangen dennoch über den Zaun und wurden augenblicklich von einer Mauer aus massigen Tierleibern mit triefenden Mäulern umringt. In Windeseile rissen wir so viele Pilze wie möglich aus dem Boden, unablässig bedrängt von den Jungbullen. Jetzt kam es nur noch darauf an, sich möglichst unbeschadet wieder aus dem Staub zu machen. Wir dachten, dass Angriff die beste Verteidigung sei, und stürmten laut schreiend wie die Berserker auf die Mauer aus Rinderkolossen zu. Die überrumpelten Bullen wichen ein paar Schritte zurück, sodass eine kleine Lücke entstand, durch die wir dankbar hindurchschlüpften. Dann rannten wir, die Hosentaschen voller zermatschter Pilze, auf den Zaun zu, die feurigen Stiere an unseren Fersen. Letztendlich entkamen wir ihnen zwar mit heiler Haut, aber ich hatte fürs Erste genug von Abenteuern. Deshalb überließ ich P. meinen Anteil der Ernte und trottete nach Hause. Am nächsten Tag rief ich ihn an und fragte, wie es denn gelaufen sei. Nun ja, P. hatte sich die Pilze tatsächlich einverleibt, gemeinsam mit einem anderen Freund, und die beiden waren ziemlich high gewesen. Doch das wohlige Gefühl war von starken Angstzuständen überlagert worden. Außerdem hatte P. unter heftiger Übelkeit gelitten.

„Es war echt der reinste Horrortrip“, meinte er in einem Versuch, fachmännisch zu klingen.

Mir hingegen dämmerte, dass mich meine Zurückhaltung, oder vielleicht auch Feigheit, vor einer äußerst unangenehmen Erfahrung bewahrt hatte.

Die berauschende Substanz im Spitzkegeligen Kahlkopf nennt sich *Psilocybin*. Beim Abbau im menschlichen Körper entsteht eine Substanz namens *Psilocin*, deren Struktur jener des chemischen Botenstoffes *Serotonin* ähnelt. Wenn sich das Psilocin an bestimmte Rezeptoren im Gehirn heftet, die eigentlich für das Serotonin vorgesehen sind – geht wirklich die Post ab! Es kommt zu Wahrnehmungsstörungen und häufig auch zu Wahnvorstellungen. Die Gefühle fahren Achterbahn, wobei Angstzustände, innere Unruhe, Panik und Euphorie einander ablösen.

Spitzkegeliger Kahlkopf (*Psilocybe semilanceata*) – ein geradezu überdeutliches Beispiel dafür, dass Drogen „Mist“ sind.

Psilocybin kommt in Hunderten von Pilzarten weltweit vor. Die berauschenden Arten nennt man psychedelische Pilze oder „Magic Mushrooms", ein Begriff, der häufig mit der drogenliberalen Hippiekultur der 1960er-Jahre in Verbindung gebracht wird. Doch tatsächlich sind psychedelische Pilze schon weitaus länger Bestandteil der menschlichen Kultur. Im Südosten Algeriens kann man beispielsweise 7.000 bis 9.000 Jahre alte Höhlenmalereien mit befremdlich tanzenden Figuren bewundern, die Pilze in den Händen halten. Deutungen zufolge handelt es sich um die Ausübung religiöser Riten mittels psychedelischer Pilze. Auch im südöstlichen Spanien ist eine 6.000 Jahre alte Höhlenmalerei entdeckt worden, auf der eine Reihe von Pilzen dargestellt sind, die Ähnlichkeit mit der Art *Psilocybe hispanica* aufweisen. Dieser Pilz ist halluzinogen, und man trifft ihn auch in der Umgebung der Höhle an. Die Malerei gilt als älteste bekannte Abbildung von psychedelischen Pilzen in Europa. Aber selbst wenn sie wirklich Magic Mushrooms zeigen sollte, bleibt letztlich unklar, was der Künstler damit ausdrücken wollte.

Aber warum produzieren so viele Pilzarten Psilocybin? Sie bezwecken damit ja wohl kaum, den Menschen zu berauschen und Wahnvorstellungen bei ihm auszulösen. Nein, beim Menschen nicht, aber bei gewissen Insekten schon. Amerikanische Wissenschaftler haben die zur Bildung dieser Substanz benötigten Gene entschlüsselt. Laut ihren Analysen kommt die Fähigkeit, Psilocybin zu bilden, bei verschiedenen, nicht näher miteinander verwandten Pilzarten vor. Doch die meisten von ihnen haben eines gemeinsam: Sie besitzen zersetzende Eigenschaften und ernähren sich von Totholz. In morschen Baumstümpfen und Ästen tummeln sich jede Menge Insekten, die sich an dem verrotteten Holz gütlich tun. Sie stehen also in Konkurrenz zu den Pilzen. Eine Theorie der Forscher besagt, dass sich die Pilze mittels Psilocybin gegen staatenbildende Insekten wie Termiten wappnen. Die Arbeit von Termiten erfordert bekanntlich Koordination und Disziplin. Doch Termiten, die nach dem Genuss von Pilzen high sind, leisten ihrem Volk höchstwahrscheinlich keine großen Dienste mehr. Die Frage lautet vielmehr, ob sie überhaupt zu ihrem Hügel zurückfinden.

SO GEFÄHRLICH SIND GIFTIGE ARTEN

In Schweden gibt es rund 5.000 Arten von Großpilzen. Der überwiegende Teil davon gilt als ungenießbar oder giftig. Nur wenige Hundert Arten zählen zu den Speisepilzen, und ihre Zahl sinkt mit zunehmendem Wissen über Pilzgifte stetig. Beispielsweise hat die schwedische Lebensmittelbehörde bereits vor einem übermäßigen Verzehr von gewöhnlichen Champignons gewarnt und empfiehlt einen maßvollen Konsum dieses Verkaufsschlagers. Tierversuche haben nämlich gezeigt, dass Champignons krebsauslösende Substanzen enthalten können. Auch der Falten-Tintling steht auf der Negativliste, denn er enthält ein Gift namens *Coprin*, das unangenehme Unverträglichkeitsreaktionen auslöst. Beim Verzehr dieser Pilze in Begleitung eines Glases Wein kann es zu Kopfschmerzen, Schweißausbrüchen, Herzklopfen, Erbrechen und auch Angstzuständen kommen. Diese Nebenwirkungen können sogar noch auftreten, wenn man einige Tage nach dem Verzehr Alkohol trinkt.

Die schwedische Vereinigung der Pilzsachverständigen rät inzwischen ganz von dem Verzehr der Frühjahrs-Giftlorchel ab. Diese Art schmeckt zwar delikat, ist aber sehr giftig. Die Frühjahrslorchel enthält *Gyromitrin*, eine giftige chemische Verbindung, die zu unheilbaren Leberschäden führen kann. Selbst nach dem Trocknen und Dünsten kann dieser Pilz noch Gift enthalten. Da Gyromitrin flüchtig ist, kann es sogar in unmittelbarer Umgebung der Pilze über die Atmung aufgenommen werden, insbesondere bei der Lagerung in geschlossenen Räumen.

In Schweden werden jährlich zwischen 50 und 200 Personen mit Krankheitssymptomen nach dem Verzehr von Pilzen medizinisch behandelt. Der häufigste Grund dafür ist eine Verwechslung von Speisepilzen mit einer giftigen Art. Einige dieser zum Verwechseln ähnlichen Arten sollte man möglichst kennen (diese finden Sie auf der nächsten Doppelseite). Viele Pilzgifte verursachen Magenbeschwerden wie Übelkeit, Erbrechen oder Durchfall. Arten wie der Riesen-Rötling, der Karbol-Champignon, der Weißbraune Ritterling und der Kirschrote Spei-Täubling enthalten zwar unbekömmliche, aber nur selten lebensbedrohliche Substanzen.

KEGELHÜTIGER KNOLLENBLÄTTERPILZ (*Amanita virosa*)

Lebensraum: *Vermooster Nadelwald und Laubwald.*
Giftigkeit: *Verursacht mitunter tödliche Leberschäden.*
Symptome: *Übelkeit, Erbrechen und Durchfall.*
Verwechslung möglich mit: *Weißer Anis-Champignon, Seidiger Ritterling und Maipilz.*

GRÜNER KNOLLENBLÄTTERPILZ (*Amanita phalloides*)

Lebensraum: *Laub- und Mischwald sowie an Waldrändern und in Parks.*
Giftigkeit: *Verursacht mitunter tödliche Leberschäden.*
Symptome: *Übelkeit, Erbrechen und Durchfall.*
Verwechslung möglich mit: *Grasgrüner Täubling.*

SPITZGEBUCKELTER RAUKOPF (*Cortinarius rubellus*)

Lebensraum: *Vermooster Nadelwald.*
Giftigkeit: *Verursacht Nierenschäden.*
Symptome: *Übelkeit, Erbrechen, starker Durst, Muskelschmerzen, stark erhöhte oder verringerte Urinmengen.*
Verwechslung möglich mit: *Trompetenpfifferling.*

GIFT-HÄUBLING (*Galerina marginata*)

Lebensraum: *Totes Nadelholz, mitunter Laubholz, im Wald und auf Holzspänen entlang von Trimmpfaden.*
Giftigkeit: *Verursacht mitunter tödliche Leberschäden.*
Symptome: *Übelkeit, Erbrechen und Durchfall.*
Verwechslung möglich mit: *Gemeines Stockschwämmchen.*

FRÜHJAHRS-GIFTLORCHEL (*Gyromitra esculenta*)

Lebensraum: *An Kahlschlägen, entwurzelten Bäumen, entlang von Pfaden und alten Traktorspuren. Bevorzugt sandige und karge Böden.*
Giftigkeit: *Irritationen des Nervensystems, Zersetzung der roten Blutkörperchen, Leberschäden.*
Symptome: *Schwindel, Doppelbilder und Sprachstörungen. Mitunter auch Übelkeit und Magenschmerzen.*
Verwechslung möglich mit: *Riesen-Lorchel, Spitzmorchel und Speise-Morchel.*

ROTER FLIEGENPILZ (*Amanita muscaria*)

Lebensraum: *Laub- und Nadelwald, hauptsächlich Birken und Fichten.*
Giftigkeit: *Irritationen des Nervensystems.*
Symptome: *Schwindel, Verwirrtheit, innere Unruhe, Bewusstseinsstörungen, Krämpfe sowie mitunter Übelkeit und Erbrechen.*
Verwechslung möglich mit: *Apfel-Täubling.*

KÖNIGS-FLIEGENPILZ / BRAUNER FLIEGENPILZ (*Amanita regalis*)

Lebensraum: *Nadelwald.*
Giftigkeit: *Irritationen des Nervensystems.*
Symptome: *Schwindel, Verwirrtheit, innere Unruhe, Bewusstseinsstörungen, Krämpfe sowie mitunter Übelkeit und Erbrechen.*
Verwechslung möglich mit: *Gemeiner Riesenschirmling.*

PANTHERPILZ (*Amanita pantherina*)

Lebensraum: *Laub- und Nadelwald.*
Giftigkeit: *Irritationen des Nervensystems.*
Symptome: *Schwindel, Verwirrtheit, innere Unruhe, Bewusstseinsstörungen, Krämpfe sowie mitunter Übelkeit und Erbrechen.*
Verwechslung möglich mit: *Gemeiner Riesenschirmling.*

DER MYTHISCHE ROTE FLIEGENPILZ

Behauptungen zufolge aßen die Wikinger Fliegenpilze, bevor sie in den Kampf zogen. Der Verzehr des Pilzes soll eine gewisse Raserei ausgelöst und die Krieger praktisch unbesiegbar gemacht haben. Doch das ist höchstwahrscheinlich nur ein Mythos. Die Gifte im Fliegenpilz verursachen nicht nur Irritationen des Nervensystems, sondern auch Zellschäden, die sich unter anderem in Krämpfen und Durchfall niederschlagen – nicht unbedingt ein Vorteil auf dem Schlachtfeld.

Pilze, die man unbedingt meiden sollte, sind jene mit zellschädigenden Giften. Das Gyromitrin der Giftlorchel hatte ich bereits erwähnt. *Amatoxine* und *Orellanine* sind weitere lebensgefährliche Pilzgifte, sie blockieren die Proteinherstellung in den menschlichen Zellen. Folglich sterben diese ab und werden zersetzt. Das Gift verbreitet sich über den Blutkreislauf und sammelt sich in stark durchbluteten Organen an, vor allem in der Leber und den Nieren, die unheilbare Schäden davontragen können. Gehen Sie also im Pilzwald kein unnötiges Risiko ein.

WIR SIND WANDELNDE PILZREVIERE

Wenn man die menschliche Haut durch ein Mikroskop betrachtet, erinnert sie ein wenig an eine abwechslungsreiche Landschaft, wobei alle behaarten Bereiche Wälder darstellen. Die Hautfalten sind dementsprechend hohe Berge und tiefe Täler. Die Schweißdrüsen fungieren als Geysire und speien warmes Salzwasser. Die Talgdrüsen sind Vulkane, auch wenn sie anstelle von Lava Fett ausstoßen. Unsere Haut ist ein mikroskopisches Ökosystem, ein Ort voller Leben in Form von Bakterien, Milben und letztlich auch Pilzen.

Dieses Ökosystem bietet auch einer Gattung von Hefepilzen namens *Malassezia* einen Lebensraum. Wie viele andere Pilze ist *Malassezia* ebenfalls ein Zersetzer. Doch im Ökosystem der Haut lässt sich natürlich kein Holz zersetzen, sondern vielmehr Fett, massenweise Fett. *Malassezia* lebt von dem Fett, das die Talgdrüsen der Haut absondern.

Der menschliche Körper trägt mehr als zehn Arten von *Malassezia*-Pilzen mit sich herum. Allerdings gibt es bislang nur wenige wissenschaftliche Erkenntnisse zu ihrer Lebensweise. Wie es scheint, haben die meisten Arten jedoch eine Vorliebe für bestimmte Körperregionen. Manche bevorzugen den Rücken, während andere sich im Gesicht, auf der Kopfhaut oder in den Gehörgängen am wohlsten fühlen. Auch herrscht offenbar eine gewisse Konkurrenz zwischen Bakterien und Pilzen. Auf unseren Armen leben beispielsweise eine große Anzahl von Bakterienarten, aber nur äußerst wenige Pilzarten. Im

Rumpfbereich hingegen ist es genau umgekehrt. Auch an den Füßen finden sich äußerst wenige Bakterienarten, dafür aber umso mehr Pilzarten. Was die Artenvielfalt von Pilzen angeht, sind die Füße der reinste Regenwald. Allein an den Fersen tummeln sich ganze 80 Arten. An den Zehennägeln sind es etwas mehr als 30 und zwischen den Zehen ungefähr 60. Eine Erklärung für diese Artenvielfalt könnte sein, dass Hautfeuchtigkeit und Temperatur der Füße sehr stark variieren. In einem solch veränderlichen Milieu wird die Dominanz der konkurrenzstärksten Arten gebrochen, wodurch eine größere Anzahl von Arten am Nährstoffangebot teilhaben kann.

Aber welchen Nutzen haben wir von all diesen Pilzen und Bakterien auf unserer Haut? In den meisten Fällen scheint die Antwort zu lauten: gar keinen. Sie nutzen uns ohne jegliche Gegenleistung aus, fügen uns aber auch keinen Schaden zu. Biologen nennen diese Art von Zusammenleben *Kommensalismus*. Auf einer Skala von unterschiedlichen Beziehungen zwischen Organismen lässt sich der Kommensalismus genau zwischen dem *Mutualismus* – bei dem beide Partner profitieren – und dem *Parasitismus* – bei dem nur ein Partner profitiert und der andere ausgebeutet wird – einordnen.

Nach Aussagen einiger Wissenschaftler leisten die auf der Haut angesiedelten Mikroorganismen allerdings einen Beitrag zur Immunabwehr. Wenn die Haut nämlich bereits mit Bakterien und Pilzen besiedelt ist, wird die Ansiedelung weiterer potenziell gefährlicher Mikroorganismen erschwert, was einen gewissen Schutz bietet. Manchmal jedoch wechseln die Hautbewohner auch die Seite und greifen den menschlichen Körper an.

Die für gewöhnlich friedfertigen *Malassezia*-Pilze können auch eine Reihe beschwerlicher Hautkrankheiten mitverursachen: Seborrhoisches Ekzem, Schuppenflechte und Atopisches Ekzem bei Kleinkindern sind nur einige Beispiele. Charakteristisch für den Verlauf dieser Krankheiten ist eine abrupte, massenweise Vermehrung der Pilze, was zu einem Kampf zwischen Pilzen und Immunabwehr führt und juckende Hautausschläge sowie Rötungen hinterlässt. Ein weiterer bisweilen problematischer Pilz heißt *Candida albicans*. Er kommt natürlicherweise im Mund, Magen und Genitalbereich vor. In der Regel handelt es sich um einen einzelligen Hefepilz. Doch mitunter wechselt er auch seine

Gestalt: Er wird mehrzellig und bildet Myzel aus. In dieser Form verursacht der Pilz Infektionen im Genitalbereich oder auch im Mund- und Rachenraum, wie beispielsweise Soor.
Wissenschaftler haben noch nicht endgültig herausgefunden, wodurch diese Angriffe ausgelöst werden. Doch im Allgemeinen treten die Hautkrankheiten überwiegend bei Personen mit herabgesetzter Immunabwehr auf. Soor kommt beispielsweise häufig bei Säuglingen vor, zum Entsetzen vieler frischgebackener Eltern. Die Pilze blasen also zur Attacke, wenn der Mensch schutzlos ist. Häufig lösen aber auch Antibiotikakuren einen Angriff der Pilze auf die Haut aus, was daran liegen kann, dass Antibiotika alle Bakterien, also die Konkurrenten der Pilze, abtöten.

EIN KRANKENHAUSPILZ ÜBERLEBT (FAST) ALLES

Fuß- und Nagelpilze verursachen ziemlich unangenehme Beschwerden. Aber vielleicht tröstet die Tatsache ein wenig, dass man nicht allein mit seinem Leiden ist, denn ein Viertel der Weltbevölkerung infiziert sich im Lauf des Lebens mit diesen Pilzen. Hierbei handelt es sich um eine Pilzgruppe namens *Dermatophyten*. Dermatophyten ernähren sich von *Keratin*, einem Protein, das in Haut, Haaren und Nägeln vorkommt. Sie sind jedoch nicht Bestandteil des natürlichen Hautökosystems, sondern kommen von außen. Haustiere wie Pferde, Hunde oder Katzen können mit Dermatophyten beispielsweise die Ringelflechte übertragen, die trotz ihres Namens nichts mit Flechten zu tun hat. Pilzinfektionen der Haut kommen also recht häufig vor, auch wenn sie nur selten gefährlich sind. Es gibt aber auch Pilzinfektionen innerhalb des Körpers, sogenannte invasive Pilzinfektionen. Diese treten seltener auf, sind aber umso gefährlicher.
Im Jahr 2009 wurde ein bis heute unbekannter Hefepilz der Gattung *Candida* in einem Krankenhaus in Japan entdeckt. Es ist nicht ungewöhnlich, dass neu entdeckte Pilze und andere Organismen nach ihrem Fundort benannt werden, so auch in diesem Fall. Der Hefepilz wurde auf den Namen *Candida*

auris getauft, was 'Ohr' bedeutet, weil man ihn im Ohr einer über 70-jährigen Patientin gefunden hatte.

Der Pilz gehört also zur selben Gattung wie der zuvor genannte *Candida albicans* – einem Bestandteil der Normalflora, also des natürlichen Mikrobioms des Körpers. Für gewöhnlich ist dieser friedfertig, auch wenn er zuweilen Beschwerden hervorrufen kann. Im Fall einer Infektion stehen jedoch eine Reihe von Medikamenten zur Verfügung.

Candida auris hingegen ist nicht Bestandteil der Normalflora, doch bislang gibt es noch keine Erkenntnisse zu seinem Vorkommen in der Natur. Im Unterschied zu seinem *albicans*-Verwandten ist *Candida auris* resistent gegen einige der gängigen Medikamente bei Pilzinfektionen. Deswegen kann eine invasive Infektion tödlich enden, insbesondere dann, wenn es zu einer Blutvergiftung kommt.

Dieser neu entdeckte Pilz hat darüber hinaus die unangenehme Tendenz, sich im Krankenhausmilieu festzusetzen. Auf Oberflächen bildet er einen *Biofilm*, also eine Schicht aus Pilzen, die sich nur schwer entfernen lässt. Der Pilz kann sich sowohl auf Patienten und Personal als auch auf Wänden und medizinischen Geräten niederlassen. Wenige Jahre nachdem er in Japan entdeckt wurde, verursachte er Berichten zufolge bei einer Anzahl von Patienten in Südkorea Blutvergiftungen. Kurz darauf wurde er in einem Krankenhaus in Indien gefunden. Im Jahr 2015 erreichte er auch Europa, wo er sich insbesondere in einem Londoner Krankenhaus stark ausbreitete. Im Lauf von 16 Monaten infizierten sich über 50 Patienten damit. Sie wurden isoliert und alle Räumlichkeiten daraufhin mit Chlor und Wasserstoffperoxid gereinigt. Nach mehrwöchigem Kampf konnte man der Ausbreitung des Pilzes im Krankenhaus endlich Einhalt gebieten. Doch wenig später tauchte er auch in weiteren englischen Pflegeeinrichtungen und nicht zuletzt in anderen europäischen Ländern wieder auf. Beispielsweise in einem Krankenhaus in Spanien, wo sich 140 Patienten ansteckten. Über 40 von ihnen erlitten schwere Infektionen, 17 davon starben. Der Pilz hat sich inzwischen weltweit verbreitet. In Schweden ist er bislang zwar noch nicht in Erscheinung getreten, aber in Norwegen sind einige wenige Fälle bekannt.

Die Verheerungen des Hefepilzes *Candida auris* haben in den Medien ziemlich viel Aufmerksamkeit erregt. Natürlich gibt ein Pilz, der sich hartnäckig in einem Krankenhaus festsetzt, Anlass zur Sorge. Aber es existieren noch weitaus gefährlichere Pilze, die dennoch kaum jemand kennt. Tatsächlich gehören invasive Pilzkrankheiten zu den unterschätzten Gesundheitsproblemen. Das geht aus mehreren übereinstimmenden Berichten hervor, die in den letzten Jahren veröffentlicht wurden. Das Ausmaß dieses Problems wird besonders in einem Bericht deutlich, der einige der gefährlichsten Pilzerkrankungen mit anderen, besser bekannten Bedrohungen für die globale Volksgesundheit vergleicht. Ein Beispiel ist die Infektionskrankheit Malaria. Sie wird von einem parasitischen Einzeller namens *Plasmodium* verursacht. An Malaria erkranken jedes Jahr um die 200 Millionen Menschen, von denen mehr als 400.000 sterben. Aber wer hat schon einmal etwas von der Krankheit Kryptokokkose gehört? Sie wird von Hefepilzen verursacht, die über die Atmung in den menschlichen Körper gelangen. Sie können sich bis ins Gehirn ausbreiten und dort eine Enzephalitis auslösen. Die Zahlen gelten zwar noch nicht als gesichert, aber vermutlich sterben ungefähr genauso viele Menschen an Kryptokokkose wie an Malaria, und dennoch ist diese Krankheit vielen völlig unbekannt.

Die Weltgesundheitsorganisation WHO hat eine Top-Ten-Liste mit den häufigsten Ursachen für ein vorzeitiges Ableben veröffentlicht. Die Liste wurde von Herzkrankheiten angeführt, an zweiter Stelle standen Schlaganfälle. Verkehrsunfälle rangieren ebenfalls weit oben wie auch Tuberkulose – eine von Bakterien verursachte Lungenkrankheit. Im Jahr 2016 starben um die 1,5 Millionen Menschen an Tuberkulose. Doch fast genauso viele erliegen jährlich den Folgen der fünf häufigsten invasiven Pilzinfektionen. Trotz dieser enormen Zahl haben die meisten Menschen noch nie von diesen Infektionen gehört.

Hier muss aber betont werden, dass die meisten Pilzbefälle bei gesunden Menschen durch das Immunsystem abgewehrt werden. Betroffen sind vor allem Personen mit Immunschwäche, beispielsweise Aidskranke oder Krebspatienten. Doch jetzt verlassen wir dieses Furcht einflößende Thema, um einen näheren Blick auf Pilzkrankheiten zu werfen, die andere Arten als den Menschen befallen. Einige davon können leider mindestens genauso grauenvoll sein.

DER SCHLIMMSTE ALBTRAUM DER LANDWIRTSCHAFT

Jedes Jahr werden weltweit Getreidesaaten und -ernten im Wert von über einer halben Billion Euro, also 500 Milliarden Euro, zerstört. Unkraut, Schädlinge sowie Dürre, Frost und andere Wetterphänomene sind die Ursache für ungefähr 60 Prozent dieser Verluste. Die restlichen 40 Prozent entfallen auf Pflanzenkrankheiten, von denen zwei Drittel durch parasitäre Pilze verursacht werden. Viele parasitäre Pilze zählen zu den *biotrophen* Organismen, sie sind also abhängig von lebenden Pflanzen. Sie siedeln sich im Inneren der Pflanze an und beziehen ihre Nahrung aus den Pflanzenzellen. Der Pilz sorgt dafür, dass die Pflanze nicht abstirbt, zumindest nicht, bevor es ihm gelungen ist, auf eine weitere Pflanze überzugehen. Die Art und Weise jedoch, wie parasitäre Pilze Pflanzen infizieren, ist ziemlich skrupellos.

Man stelle es sich so vor: Die Spore eines parasitären Pilzes landet auf einer beliebigen Pflanze. Als Erstes muss die Spore untersuchen, ob sie auf der richtigen Pflanzenart gelandet ist, also auf einer sogenannten Wirtspflanze, die sie besiedeln und infizieren kann. Dafür analysiert die Spore die chemischen Substanzen auf Pflanzenoberfläche. Die Pflanze tut dasselbe, indem sie die Spore analysiert, um herauszufinden, ob ein Parasitenbefall vorliegt.

Stellt die Spore fest, dass sie auf einer geeigneten Wirtspflanze gelandet ist, sondert sie eine klebrige Substanz ab, mit der sie sich auf der Pflanze anheftet. Dann keimt sie und bildet einen dünnen Pilzfaden aus, dessen Aufgabe darin besteht, in die Pflanze einzudringen.

Verschiedene Pilze dringen auf unterschiedliche Art und Weise in Pflanzen ein. Einige nutzen Schäden an der Pflanze aus, andere wiederum wählen natürliche Öffnungen wie Blattporen. Aber es gibt auch Pilze, die Löcher in die Oberfläche der Pflanze bohren können. Dies geschieht mithilfe einer speziellen Infektionshyphe namens *Appressorium*, einer mit Flüssigkeit gefüllten und mit einem Stachel versehenen Verdickung am Ende des Pilzfadens. Der Pilz pumpt Flüssigkeit in die Verdickung und erzeugt darin einen hohen Druck. Dieser Druck presst den Stachel durch die Außenhaut der Pflanze, wodurch ein Schlupfloch für den Pilzfaden entsteht. Im Inneren der Pflanze beginnt er nun Myzel auszubilden. Mit diesem Prozess nimmt die Infektion ihren Lauf. Zugleich schrillen bei der Pflanze die Alarmglocken, um zu signalisieren, dass ein Eindringling ihre äußere Hülle durchdrungen hat.

Biotrophe Organismen sind nicht darauf aus, ihre Wirtspflanzen abzutöten, und behandeln diese recht pfleglich. Ihr Myzel wächst für gewöhnlich zwischen den Pflanzenzellen. Doch manche Arten sind mit sogenannten *Haustorien* ausgestattet, Saugorganen zur Nährstoffaufnahme. Auch Mykorrhiza bildende Pilze verbinden sich mit Pflanzenzellen über Haustorien, was zeigt, dass die Grenze zwischen Symbiose und Parasitismus hauchdünn sein kann.

Pflanzen wenden bei Angriffen durch biotrophe Organismen einen speziellen Trick der Kriegsführung an, die Taktik der „Verbrannten Erde". Bei dieser Methode zerstört eine Armee alles, was dem Feind in irgendeiner Weise nützen könnte, während sie sich selbst zurückzieht. Das Ziel besteht darin, den Feind auszuhungern oder zumindest zu schwächen. Eine Pflanze, die durch einen biotrophen Organismus infiziert wird, kann sich wehren, indem sie die Zellen um den Infektionsherd herum selbst abtötet. Da der biotrophe Organismus abhängig von lebenden Zellen ist, wird seine Aktivität gestoppt – und der Pilz verhungert. Diese Strategie funktioniert jedoch nicht bei *nekrotrophen* Organismen. So heißen parasitäre Pilze, die sich von toten Pflanzenteilen ernähren. Sie gehören zu den Zersetzern. Aber Moment, zersetzende Pilze sind doch eigentlich Nützlinge und keine Parasiten, oder? Ja, aber nekrotrophe Organismen ernähren sich von Pflanzen, die sie selbst abtöten. Ihr Myzel wächst in die Pflanzenzellen hinein, wo sie Giftstoffe absondern, mit denen sie die Zellen abtöten. Anschließend wird die Pflanze ebenso wie bei gewöhnlichen Pilzen zersetzt und deren Nährstoffe aufgenommen.

Es gibt auch parasitäre Pilze, die beide Lebensweisen miteinander kombinieren können. Während sie als biotrophe Organismen ihren Wirt zunächst noch recht pfleglich behandeln, entwickeln sie irgendwann eine ausgemacht nekrotrophe Lebensweise. Eine solche Pilzart heißt *Magnaporthe oryzae.* Sie befällt vor allem Reispflanzen und verursacht eine Krankheit mit dem englischen Namen „Rice blast". Diese Krankheit hat keinen schwedischen Namen, was im Hinblick auf die enormen Schäden, die sie verursacht, erstaunlich ist.

Reis ist ein sehr bedeutsames Grundnahrungsmittel – die Hälfte der Weltbevölkerung deckt damit den Großteil ihres täglichen Kalorienbedarfs. Mit den jährlich durch *Magnaporthe oryzae* vernichteten Reismengen könnte man 60 Millionen Menschen sättigen.
Doch *Magnaporthe oryzae* befällt nicht nur Reis. Im Jahr 2016 verursachte der Pilz ebenfalls eine Epidemie auf Weizenfeldern in Bangladesch, die erste in Asien überhaupt. Eine höchst beunruhigende Entwicklung, denn über 40 Prozent des weltweit angebauten Weizens stammen aus dieser Region.
Eine britische wissenschaftliche Zeitschrift hat kürzlich 500 Forscher weltweit damit beauftragt, eine Top-Ten-Liste mit den bedrohlichsten Schädlingspilzen in der Landwirtschaft zu erstellen. *Magnaporthe oryzae* nahm den ersten Platz ein. Auf dem dritten Platz tummelten sich eine Reihe von Rostpilzen der Gattung *Puccinia*, unter anderem der Schwarzrost. Dieser Pilz plagt die Menschheit schon seit über 2.000 Jahren. Lassen Sie uns einen näheren Blick auf ihn werfen.

EIN PILZ MIT EINEM EIGENEN GOTT

Schwarzrost hat eine lange Geschichte als Schädling und befällt vornehmlich Weizen. Schon im vierten Jahrhundert vor Christus verursachte er im Römischen Reich eine Hungersnot. Man sah den Schwarzrost als Fluch an und brachte ihn mit einer Gottheit in Verbindung, Robigus – dem Rostgott – um diesem Fluch entgegenzuwirken. Jedes Jahr Ende April wurde zu seinen Ehren ein Opferfest abgehalten. Man opferte Tiere – unter anderem Hunde – um Robigus gnädig zu stimmen, damit er die Ernten vor einem Rostpilzangriff bewahrte. Doch offenbar half das nicht, denn der Schwarzrost plagte die Menschheit weiterhin.
Mitte des 17. Jahrhunderts machten französische Bauern eine wichtige Entdeckung: Der Schwarzrostbefall trat gehäuft auf Feldern auf, in deren unmittelbarer Nähe Berberitzen standen. Berberitzen sind Sträucher mit säuerlichen Beeren

Rostpilz der Gattung *Puccinia* kurz vor dem Sporenausstoß. Die für ihn typischen Teliosporen gehen auf Berberitzen-Sträucher über.

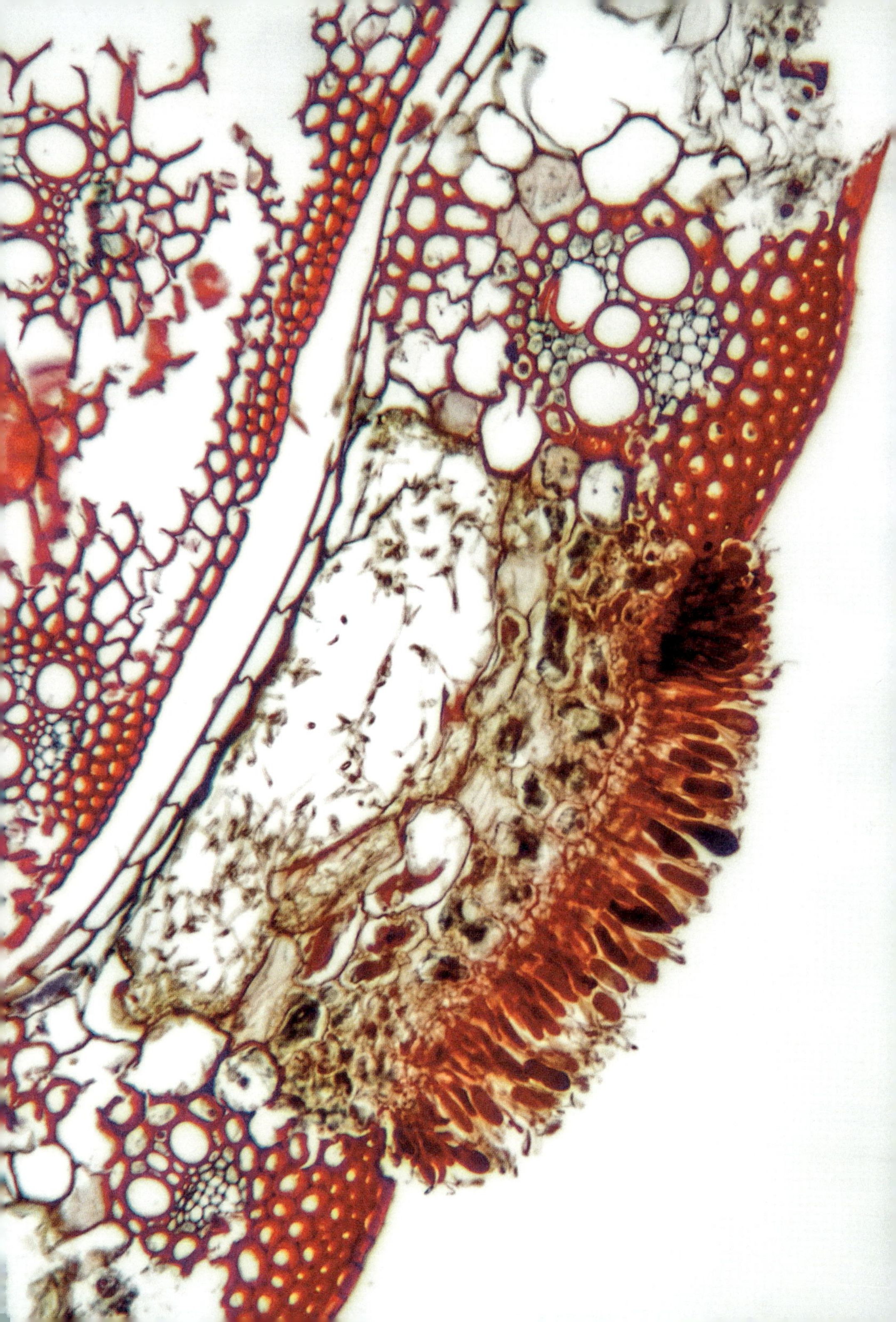

und Dornen, die oft ein undurchdringliches Gestrüpp bilden. Die Bauern waren der Ansicht, dass der Schwarzrost von den Berberitzen auf ihren Weizen überging, und forderten ein Gesetz zur Ausrottung der Sträucher. Tatsächlich ist aber genau das Gegenteil der Fall, der Schwarzrost geht vom Weizen auf die Berberitze über. Der Lebenszyklus dieses Pilzes ist kompliziert, unter anderem, weil er viele verschiedene Sporenarten bildet. Eine davon überwintert auf Strohresten, die nach der Ernte auf dem Feld liegen geblieben sind. Im Frühjahr keimen diese Sporen und bilden Myzel, woraus sich eine weitere Sporenart entwickelt. Diese geht schließlich auf Berberitzen über, wo ihre geschlechtliche Fortpflanzung stattfindet. Durch das Entfernen der Berberitzen unterbricht man den Lebenszyklus des Pilzes und mindert so den Schädlingsbefall. In dieser Hinsicht hatten die französischen Bauern also recht.

Zu Beginn des 19. Jahrhunderts wütete eine Schwarzrostepidemie in Nordeuropa, woraufhin viele Länder Gesetze zur Ausrottung der Berberitze erließen. Schweden wurde im Jahr 1889 vom Schwarzrost heimgesucht und erließ 1918 das erste Berberitzen-Tilgungsgesetz. Seitdem ist das Gesetz mehrfach überarbeitet und 1994 schließlich aufgehoben worden, da man es für effektiver hielt, die Krankheit auf den Weizenfeldern mit *Fungiziden* zu bekämpfen. Neben dem Einsatz dieser pilzabtötenden Pflanzenschutzmittel trieb man auch die Züchtung neuer widerstandsfähigerer Weizensorten voran. Doch im Kampf gegen den Schwarzrost ist noch immer kein Ende in Sicht.

DER BITTERSÜSSE GRAUSCHIMMEL

Den zweiten Platz auf der Top-Ten-Liste der Schädlingspilze nimmt eine Art ein, die die Grauschimmelfäule verbreitet. Dieser nekrotrophe Pilz heißt *Botrytis cinerea* und ist eine Geißel der Waldindustrie. In den Forstbaumschulen, die Waldbesitzer mit Jungpflanzen bestücken, gilt Grauschimmelfäule als die am häufigsten auftretende Pilzkrankheit. *Botrytis cinerea* ist nicht besonders wählerisch, er infiziert über 200 verschiedene Pflanzenarten, darunter Getreide-, Obst-, Gemüse- und auch Zierpflanzen. Dabei können alle Entwicklungsstadi-

en vom frisch gekeimten Samen bis hin zur erntereifen Frucht betroffen sein. Die Krankheit kann sich sogar während der Lagerung ausbreiten – bis in die Kühltheken der Supermärkte.
Auch für Winzer kann Grauschimmel eine Katastrophe bedeuten. Doch es gibt Ausnahmen. Die befallenen Trauben schrumpfen zusammen, sodass sich die Aromen im Saft konzentrieren und der Zuckergehalt steigt. Bei der Produktion von Süßweinen kann man sich das zunutze machen. Da sich jedoch mit der Werbung für Trauben mit Pilzbefall kein Geschäft machen lässt, nennt die Weinindustrie diesen Prozess „Edelfäule". Insbesondere Dessertweine werden mit *Botrytis cinerea* veredelt. Sogar Amarone, der neue Liebling vieler Schweden im Rotweinregal, enthält zuweilen mit Edelfäule befallene Trauben.
Amarone ist ein kräftiger Rotwein mit einer gewissen Süße und ungewöhnlich hohem Alkoholgehalt. Die Traube stammt aus der Weinregion Valpolicella in Norditalien. Schon vor 2.000 Jahren kelterten die Römer einen Rotwein aus getrockneten Trauben dieser Region. Er nennt sich Recioto und wird noch heute erzeugt. Beim Keltern von Recioto wird die Gärung der getrockneten Trauben vorzeitig beendet, wodurch der fertige Wein einen hohen Traubenzuckergehalt aufweist. Dadurch entwickelt er einen verhältnismäßig niedrigen Alkoholgehalt und schmeckt eher fruchtig. Wenn man die Gärung jedoch vollendet, reduziert sich der Zuckergehalt, und der Alkoholgehalt steigt. Das entsprechende Endprodukt ist der Amarone. Einige Winzer nutzen *Botrytis cinerea* beim Keltern von Amarone zur Veredelung. Dabei setzen sie den Pilz bewusst während der Trocknung der Trauben ein, um den Geschmack zu intensivieren.

DIE ARGLISTIGEN VERWANDTEN VON QUORN

Auf der Liste von Schädlingspilzen stehen neben dem Siegerpodest noch weitere bemerkenswerte Arten, die eine Gefahr für die Landwirtschaft darstellen. Den vierten Platz belegt ein Pilz namens *Fusarium graminearum*. *Fusarium* ist eine Gattung der Schlauchpilze. Klingt bekannt, oder? Diese Gattung ist bereits in einem völlig anderen Zusammenhang erwähnt worden: Quorn – die vegeta-

rische Alternative zu Fleisch – wird ebenfalls aus Schlauchpilzen hergestellt. Allerdings gibt es auch Schlauchpilze, die auf der menschlichen Haut wachsen. Mehrere dieser Arten können Infektionen hervorrufen, sowohl äußerliche als auch im Inneren des Körpers. *Fusarium graminearum* verursacht zwar keine Infektionen beim Menschen, ist aber dennoch gefährlich für uns. Er befällt nämlich die meisten gängigen Getreidesorten, häufig auch gemeinsam mit anderen Arten derselben Gattung. Die Krankheiten, die *Fusarium* an Feldfrüchten verursacht, nennen sich *Fusariosen*. Sie können alle Teile der Pflanze heimsuchen und sogar bei eingelagertem Korn ausbrechen. Die größte Gefahr für uns Menschen besteht in der Aufnahme des Pilzgifts, beispielsweise durch den Verzehr von Mehl aus infizierten Saaten. Auch mit infiziertem Getreide gefüttertes Vieh kann erkranken.

EIN „PILZ", DER DIE GESCHICHTE UMSCHRIEB

Im Zeitraum von 1845 bis 1860 verhungerten in Irland eine Million Menschen, also ein Achtel der damaligen Gesamtbevölkerung. Um die zwei Millionen Iren emigrierten, in erster Linie nach Amerika, wo sie als wichtige Arbeitskräfte eingesetzt wurden. Irische „Paddies" waren also an der Gründung der aufstrebenden Nation der Vereinigten Staaten von Amerika beteiligt. Die Iren sorgten auch dafür, dass die Katholische Kirche in den USA an Einfluss gewann. Laut Angaben hat heute in den USA ein Bevölkerungsanteil von 20 Prozent irische Wurzeln. Die Einwohnerzahl Irlands ist noch immer deutlich niedriger als vor jener Hungersnot und der damit verbundenen Auswanderungswelle.
Aber was war eigentlich der Auslöser dieser Katastrophe mit ihren derart umwälzenden Folgen? Nun ja, die Pilzart *Phytophthora infestans* verursacht eine Krankheit namens Kraut- und Knollenfäule. Sie gelangte in den 1840er-Jahren von Mexiko aus nach Europa und verbreitete sich dort höchstwahrscheinlich durch importierte Saatkartoffeln. Die Epidemie, die so viele Menschen dahinraffte,

Edelfäule – schon bald auch in einer Weinflasche Ihrer Wahl.

nahm im Mai 1845 in Belgien ihren Anfang und breitete sich rasch über ganz Westeuropa aus. Schon Mitte September hatte der Erreger Kartoffelanpflanzungen in ganz Irland infiziert. Auch Südschweden war betroffen, allerdings in äußerst geringem Maß. Irland wurde unter anderem auch deswegen so stark in Mitleidenschaft gezogen, weil das Überleben der ärmsten Bürger stark vom Kartoffelanbau abhing. Durch die Vernichtung der Kartoffelernte hatten Millionen von ihnen schlicht und einfach nichts mehr zu essen.
Zur Verteidigung der Pilze muss jedoch erwähnt werden, dass der Übeltäter in diesem Drama, *Phytophthora infestans*, kein Pilz im herkömmlichen Sinn ist, sondern zu den Eipilzen gehört. Diese wurden früher zwar zum Reich der Fungi gezählt, heute jedoch nicht mehr. Eipilze sind zwar Zersetzer und ähneln den Pilzen äußerlich, doch ansonsten gibt es große Unterschiede. Beispielsweise bestehen ihre Zellwände aus Cellulose anstelle von Chitin. Heute zählt man sie eher zur Gattung der Braun- und Kieselalgen.

EIN PILZ, DER DIE ENGLÄNDER ZU TEETRINKERN MACHTE

In England werden täglich mehr als 100 Millionen Tassen Tee konsumiert. Einigen Historikern zufolge hat der Pilz *Hemileia vastatrix* dazu beigetragen, dass die Briten dieses Getränk heute so überaus schätzen. Das Teetrinken ist historisch betrachtet eine ziemlich junge Tradition in England, nämlich gerade mal 150 Jahre alt. Auch die Briten waren von der starken Kaffeewelle mitgerissen worden, die während des 17. Jahrhunderts nach Europa schwappte, und bis zum Ende des Jahrhunderts hatten sich mehrere Tausend „Coffeehouses" im Land etabliert. Sie bildeten den Mittelpunkt des sozialen Umgangs und förderten lebhafte Diskussionen über Politik und Religion. Der Kaffee hielt seine Stellung bis zum Ende des 19. Jahrhunderts. Das Gros des englischen Kaffeeimports kam

Pilze der Gattung *Fusarium* befallen sogar Mais.

zu jener Zeit aus Ceylon (das heutige Sri Lanka), einer damals noch britischen Kolonie. Doch in den 1860er-Jahren wurden die Plantagen der Inselgruppe vom Kaffeerost befallen, einer von *Hemileia vastatrix* verursachten Krankheit. Es kam zu einer Epidemie, die nahezu die gesamte Kaffeeproduktion lahmlegte und im Nachhinein als „Devastating Emily“ bezeichnet wurde. Man konnte kein Heilmittel dagegen finden, und die Plantagenbesitzer Ceylons erlitten schwere Verluste, viele von ihnen wurden in den Ruin getrieben.

Damals importierte England seinen Tee aus China und Indien. Die Beliebtheit dieses Getränks hatte sich im Lauf der Zeit von der Oberschicht bis in die Mittelschicht hinein verlagert. Tee war jedoch noch immer recht teuer und der Markt überschaubar. Dennoch beschlossen mehrere Geschäftsleute, einige der Bankrott gegangenen Kaffeeplantagen Sri Lankas in Teeplantagen umzuwandeln. Einer von ihnen war Thomas Lipton, dessen Nachname auch heute noch Teebeutel ziert. Lipton war ein erfolgreicher britischer Geschäftsmann und Besitzer mehrerer Hundert Lebensmittelgeschäfte. Er gründete diverse Teeplantagen in Ceylon und begann, den Tee in seinen Geschäften in England unter eigenem Namen zu erschwinglichen Preisen zu verkaufen. Sein Unternehmen machte übrigens auch den Teebeutel populär, der scheinbar nur durch einen Zufall erfunden wurde. Der amerikanische Teeimporteur Thomas Sullivan verpackte seine Warenproben in kleinen Seidenbeuteln und verteilte sie an die Kunden. Diese stellten rasch fest, dass man die Zubereitung von Tee auch vereinfachen konnte, indem man die Beutel direkt in heißes Wasser tauchte.

BAUMFRESSENDE PILZE

Bäume unterhalten ein ziemlich komplexes Verhältnis zu Pilzen. Wie bereits in Kapitel 3 beschrieben, schaffen Pilze eine der Voraussetzungen für die Existenz von Bäumen. Sie bilden zusammen mit den Baumwurzeln Mykorrhiza aus, eine Symbiose, die die Aufnahme von Nährstoffen und Wasser verbessert. Die Bäume haben das Nährstoffangebot im Boden also zum großen Teil zersetzenden Pilzen zu verdanken. Andererseits gibt es jede Menge parasitäre Pilze, die den Bäumen Nährstoffe entziehen. Wie schon erwähnt, leben viele biotrophe Organismen im Inneren von Bäumen, wo sie Nährstoffe aus den Zellen sowie den Leitbündeln saugen. Leitbündel sind das Transportsystem der Pflanzen, das Nährstoffe und Wasser in deren verschiedene Teile pumpt. Darüber hinaus leben dort aber auch nekrotrophe Organismen, die so effizient sind, dass sie den gesamten Baum abtöten können. Manche Pilze bedrohen sogar ganze Baumarten. Die Ulme ist ein Beispiel dafür.

Bei einem Besuch in Visby auf der Insel Gotland stellen Menschen, die sich für Bäume interessieren, rasch fest, dass der Park Almedalen, zu Deutsch „Ulmental", seinem Namen keineswegs gerecht wird. In diesem Park wachsen nämlich erstaunlich wenige Ulmen. Im Jahr 2005 wurden auf der Insel die ersten Fälle von Ulmensterben festgestellt. Die Krankheit wird von Pilzen der Gattung *Ophiostoma* verursacht. Die Sporen dieser Pilze keimen in den Leitbündeln und bilden dort auch Myzel aus. Leitbündel sind wie gesagt Leitungsbahnen im Pflanzeninneren, die Nährstoffe und Wasser transportieren. Je dichter das Myzel wächst, desto geringer der Durchfluss in den Leitbündeln. Der Baum versucht sich zwar zu wehren, indem er den Fluss in den infizierten Bereichen ganz abschnürt, doch das verstärkt das Problem nur noch. Die Wasserversorgung wird unterbunden, wodurch erst Teile des Baumes welken und absterben, bis er schließlich ganz abstirbt.

Die Sporen des Pilzes werden durch Ulmensplintkäfer auf die umstehenden Bäume verbreitet, die unter der Baumrinde Gänge ins Holz bohren. Bis heute gibt es noch kein Heilmittel gegen das Ulmensterben, man versucht lediglich, die Verbreitung der Krankheit durch Abholzen und Verbrennen befallener Bäume einzudämmen. Seit dem Ausbruch dieser Krankheit im Jahr 2005 sind auf Gotland bereits 35.000 Ulmen abgeholzt und verbrannt worden. Das klingt viel, macht letztlich aber nur einen geringen Teil des gesamten Ulmenbestands der Insel aus. Karin Wågström, forstwissenschaftliche Beraterin beim Bezirksforstamt, hat aktiv an der Rettung der Ulmen mitgewirkt.

„Die Gesamtzahl der Ulmen auf Gotland ist nicht gesichert, doch gemäß den aktuellen Zahlen der Waldinventur wachsen hier rund eine Million Exemplare. Wenn wir von diesem Wert ausgehen, haben mindestens 95 Prozent der Ulmen überlebt. Das Ulmensterben umfasst zwar die gesamte Insel, aber wir haben die Ausbreitung stark eindämmen können", berichtet sie.

Eine Ulme kann 400 bis 500 Jahre alt werden. Wie die meisten Bäume haben Ulmen eine große Bedeutung für die biologische Vielfalt. Über 400 verschiedene Arten kriechen, nisten oder wachsen auf Ulmen. Das Überleben von mindestens 250 davon hängt mehr oder weniger von den Ulmen ab. Das betrifft in der Mehrzahl Flechten und Moose. Die Hälfte aller auf Ulmen angewiesenen Lebewesen steht bereits auf der Roten Liste bedrohter Arten. Hauptursache dafür ist der rasche und starke Rückgang der Ulmenbestände – Ulmen stehen ebenfalls auf der Roten Liste – infolge des Ulmensterbens.

Auf Gotland ist es gelungen, die Ausbreitung des Pilzes zu verhindern, der dafür verantwortlich ist. Doch ansonsten sieht es in Schweden für die Ulmen ziemlich düster aus, wie Karin Wågström erklärt.

„Dem Ulmensterben auf dem Festland Einhalt zu gebieten, ist äußerst schwierig, solange keine neuen Methoden zur Bekämpfung der Krankheit entwickelt werden. Und ich wüsste im Augenblick auch nicht, welche das sein könnten. Auf lange Sicht dürften sicherlich Maßnahmen zur Aufzucht von resistenten Ulmen-Klonen in Betracht kommen. Aber ein solches Projekt setzt wissenschaftliches Interesse und ausreichende Ressourcen voraus."

Sie ergänzt, dass auch Grundbesitzer dazu beitragen können, die Verbreitung zu verlangsamen, indem sie kranke Bäume fällen und das Holz fachgerecht entsorgen, damit sich die Ulmensplintkäfer nicht weiter verbreiten.

„Das Ulmenholz kann schließlich weiterverwertet werden, damit sich wenigstens der Einsatz lohnt", führt sie an.

Aber wie viele Ulmen standen eigentlich im Park Almedalen, bevor das Ulmensterben die Insel heimsuchte? Die Antwort lautet: genauso viele wie heute, das heißt, vier. Es liegt also nicht an der Krankheit, dass dort nur so wenige wachsen (ich habe wegen der Dramaturgie ein wenig geschummelt). Der Name Almedalen stammt aus dem späten 19. Jahrhundert, als man beim Anlegen des Parks eine große Anzahl von Ulmen pflanzte. Die wenigen Exemplare, die heute noch dort wachsen, stehen im nördlichen Teil des Parks in der Nähe des Pulverturms, wo früher vermutlich einmal eine Ulmenallee verlief.

Auch die Esche ist von einer ernsten Pilzkrankheit betroffen. Diese nennt sich Eschentriebsterben und wird von einem Pilz verursacht, der mehrfach umbenannt wurde und aktuell den Namen *Hymenoscyphus fraxineus* trägt. Die Krankheit tritt im gesamten europäischen Verbreitungsgebiet der Esche auf, das sich von Nordschweden bis hinunter in die italienische Toskana erstreckt. Auch gegen diese Krankheit existiert kein wirksames Heilmittel, aber noch ist nicht alles verloren. Sie kann den Eschenbestand im schlimmsten Fall stark reduzieren, wird aber die Esche als Art wohl nicht ausrotten können.

FEIND NUMMER EINS DER FORSTWIRTSCHAFT

Der Gemeine Wurzelschwamm ist ein Pilz, der in der Forstwirtschaft große Schäden anrichtet. Er befällt sowohl Fichten als auch Kiefern. Der Pilz dringt über Schäden am Wurzelwerk in den Baum ein, und sobald er ins Innere vorgedrungen ist, verbreitet er im Stamm und Wurzelwerk sein Myzel. Der Gemeine Wurzelschwamm befällt das Splintholz, die Schicht direkt unterhalb der Rinde, in der sich im Stamm und in den Wurzeln die lebenden Zellen für den Wassertransport befinden. Sobald es ihm gelungen ist, einmal um den Stamm herumzuwachsen und somit wieder auf sein eigenes Myzel zu stoßen, wird der Nährstofftransport durch das Zellgewebe abgeschnürt. Die betroffenen Stellen in Stamm oder Wurzel werden von der Versorgung abgeschnitten und sterben ab. Bei Fichten und Kiefern gestaltet sich der Befall jeweils unterschiedlich.
„Man kann durchaus sagen, dass Fichten sich mehr wehren als Kiefern. Die Fichte versucht den Pilz aus dem Splintholz heraus ins Kernholz zu pressen, das keine lebenden Zellen enthält. Dieser Kampf verlangsamt den Krankheitsverlauf bei Fichten erheblich", erklärt Jan Stenlid, Professor am Institut für forstwissenschaftliche Mykologie und Pflanzenpathologie an der Schwedischen Universität für Agrarwissenschaften.
Mitunter lässt sich der Befall von Fichten durch den Wurzelschwamm von außen nur schwer erkennen, und erst beim Abholzen zeigt sich das ganze Ausmaß des Problems. Selbst wenn man dem Baum äußerlich nichts ansieht, kann das Kern-

holz, also das Nutzholz, so stark zerstört sein, dass der Baum seinen gesamten ökonomischen Wert eingebüßt hat. Der Gemeine Wurzelschwamm kommt in ganz Schweden vor. Im Durchschnitt sind 15 Prozent aller abgeholzten Fichten befallen, was der Forstindustrie jedes Jahr ungefähr 100 Millionen Euro Verlust beschert. Bei Kiefern nimmt die Krankheit einen weitaus rascheren Verlauf als bei Fichten. Sie sterben für gewöhnlich schon lange vor dem Umstürzen ab. Jedoch ist die Krankheit bei ihnen nicht so stark verbreitet. Betroffen sind vornehmlich Bestände auf kalkhaltigen Böden.

Da der Wurzelschwamm durch oberflächliche Verletzungen in den Baum eindringt, sind Baumstümpfe für den Pilz die reinsten Autobahnen. Seine Sporen keimen auf der Schnittfläche des Stumpfes, und der daraus entstehende Pilz wächst ins Wurzelwerk hinein, von wo aus er sich bis zu den Wurzeln anderer lebender Bäume weiterverbreiten kann.

Der Gemeine Wurzelschwamm lebt schon seit jeher in unseren Wäldern. Bevor der Mensch Bäume abgeholzt und den Wald in Monokulturen aus Fichten und Kiefern umgewandelt hat, richtete er jedoch kaum größere Schäden an als viele andere parasitäre Pilze. Und solange Durchforstungen sowie Abholzungen im Winter stattfanden, breitete sich die Krankheit nur begrenzt aus. Der Pilz kann bei Temperaturen unter fünf Grad Celsius nämlich keine Sporen bilden. Doch es kommt immer häufiger vor, dass Bäume auch im Sommer gefällt werden, weil die Papierindustrie ganzjährig auf frisches Nutzholz angewiesen ist. Die moderne Forstwirtschaft versieht den Pilz also mit genau dem, was er zum Keimen benötigt: mit massenweise frisch abgesägten Baumstämmen an warmen Sommertagen.

„Wurzelschwämme gehören zu den wenigen Profiteuren der Forstwirtschaft. Viele andere Baumpilze hingegen sind bedroht, weil sie auf Totholz angewiesen sind, das in den heutigen sauber ausgelichteten Wäldern leider selten geworden ist", ergänzt Jan Stenlid.

Erzfeind des Baumes –
der Gemeine Wurzelschwamm
(*Heterobasidion annosum*).

Doch es gibt eine raffinierte Waffe gegen den Wurzelschwamm: die Behandlung frischer Baumstümpfe mit einer Flüssigkeit, die Sporen des Großen Zystidenkammpilzes enthält. Dieser Pilz ist ein natürlicher Konkurrent des Wurzelschwamms und wächst weitaus rascher, wodurch er diesen von den Baumstümpfen verdrängen kann. Ein weiterer Vorteil des Großen Zystidenkammpilzes besteht darin, dass er sich von Totholz ernährt und keine lebenden Bäume befällt.

EIN RIESENPILZ, DER GANZE WÄLDER BEDROHT

Der Hallimasch kommt ziemlich häufig in unseren Wäldern vor. Im Herbst taucht er fast überall auf: am Boden, auf Totholz, an Baumstümpfen und mitunter auch auf lebenden Bäumen. Früher zählte man ihn zu den Speisepilzen, doch diese Gattung ist trügerisch. Ihr gehören sowohl essbare als auch giftige Arten an, welche sich nur schwer unterscheiden lassen. Die meisten Hallimasch-Arten sind parasitär und befallen Bäume. Dabei bilden sie mit ihrem Myzel einen charakteristischen weißen Flor unter der Baumrinde. Das Myzel vertilgt alle lebenden Schichten des Baumstamms und breitet sich bis hinunter ins Wurzelwerk aus, wo es Weißfäule verursacht. Die problematischste Art ist der Dunkle Hallimasch. Er verursacht große Schäden in frischen Fichten- und Kiefernanpflanzungen, aber auch bei älteren Fichtenbeständen.
Der Dunkle Hallimasch besitzt darüber hinaus eine Eigenschaft, die ihn von anderen parasitären Pilzen unterscheidet: Er wird mitunter enorm groß. Folglich kann ein einziger Pilz, also ein Individuum, gesamte Waldgebiete bedrohen. Wie bereits im Prolog erwähnt, gab ein solch gigantischer Dunkler Hallimasch den Anlass zum Schreiben dieses Buches, weil er mich so faszinierte. Besagtes Exemplar wächst im Naturreservat Malheur in Oregon/USA und ist das größte Lebewesen der Welt. Er trägt den Spitznamen „Humongous Fungus“. Sein Myzel erstreckt sich über eine Länge von sechs Kilometern durch Nadelwälder und umfasst 880 Hektar, was mehr als 1.200 Fußballfeldern entspricht. Alle Fruchtkörper des Pilzes innerhalb dieser enormen Fläche sind also mit demselben Myzel, also demselben Individuum, verbunden, das zudem noch uralt ist. „Humongous

Fungus" ist mindestens 2.000 Jahre alt, nach vorsichtigen Schätzungen sogar über 8.000 Jahre. Sein Gewicht lässt sich nur schwer berechnen, aber allein sein Myzel wiegt mindestens 7.500 Tonnen. Das entspricht dem Gewicht von 50 ausgewachsenen Blauwalen oder annähernd 5.000 normal großen Pkw. Im weitläufigen Ausbreitungsgebiet dieses Pilzes haben sich bereits viel Totholz und absterbende Bäume angesammelt. Der Pilz durchpflügt mit fundamentalen Kräften den gesamten Wald, wobei er Kräutern, Reisig und Sträuchern ermöglicht, ein artenreiches Unterholz zu entwickeln. Das fördert zwar die biologische Vielfalt, doch für Waldbesitzer, die ihre Bäume als Nutzholz verkaufen möchten, sind derlei Riesen die reinste Katastrophe.

Was unterscheidet den Dunklen Hallimasch von anderen Pilzen, und warum wird er überhaupt so riesig? Diese Frage ist nicht ganz leicht zu beantworten. Ein Hinweis lässt sich an den Wurzeln der Bäume erkennen, die der Pilz abgetötet hat. Hier ist das Myzel zu dicken schwarzen Fäden verwoben, die an Schnürsenkel erinnern. Man nennt sie *Rhizomorphen*. Sie unterstützen den Pilz bei der Verbreitung seines Myzels in noch unerschlossenen Gebieten. Dabei bohren sich die Rhizomorphen auf der Jagd nach Holz, das sie zersetzen können, oder Wurzeln, die sie infizieren können, förmlich durch den Boden. Rhizomorphen sind hohle Myzelstränge, die eine Art Leitungssystem bilden, das große Mengen an Wasser und Nährstoffen transportieren kann. Dies erklärt auch, warum der Dunkle Hallimasch in der Lage ist, ein derart weitläufiges Myzel auszubilden. Doch woher stammen die Rhizomorphen? Genau dieser Frage ist ein internationales Team von Wissenschaftlern nachgegangen.

Den Forschern gelang es herauszufinden, welche Gene beim Dunklen Hallimasch aktiv sind, wenn er seine Rhizomorphen ausbildet. Analysen zufolge sind es ungefähr dieselben wie beim Aufbau seiner Fruchtkörper. Wie es scheint, hat der Dunkle Hallimasch also schlicht und einfach eine bereits bestehende Struktur umgewandelt: Aus sporenbildenden Fruchtkörpern wurden unterirdische Bohrwerkzeuge. Ziemlich clever, oder?

Nächste Doppelseite: Dunkler Hallimasch – der größte Organismus der Welt.

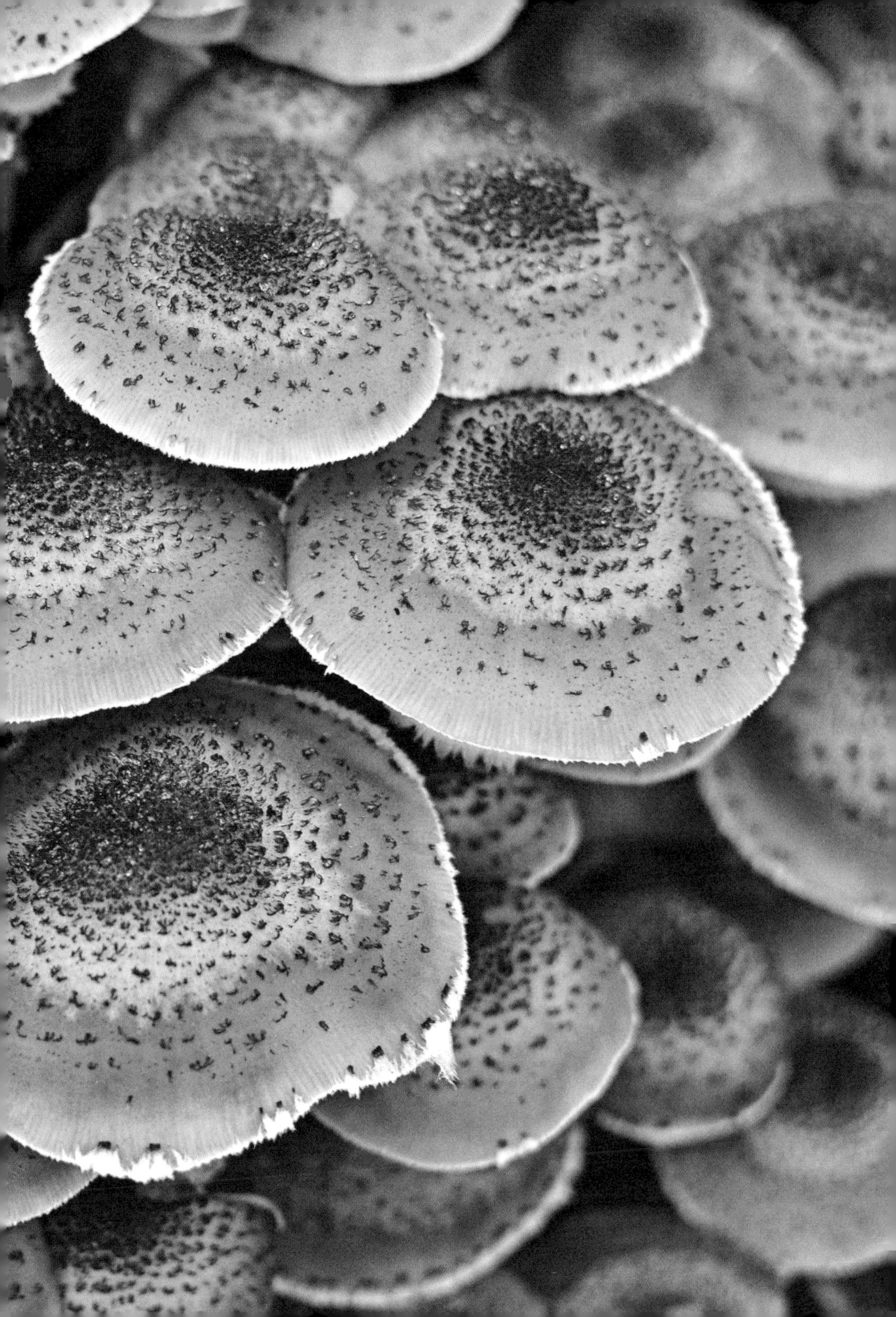

Ganz offensichtlich sind die Rhizomorphen des Dunklen Hallimasch eine schlagkräftige Waffe, die dem Pilz eine gewisse Überlegenheit gegenüber anderen Parasiten verleiht.

Doch das erklärt noch immer nicht, warum einzelne Exemplare so riesig werden können. Statt einiger weniger Riesen müsste die Natur doch eigentlich massenhaft kleinere Exemplare hervorbringen, die miteinander um Nährstoffe konkurrieren. Denn schließlich haben alle Pilzindividuen derselben Art Zugang zu derselben „Waffe«.

„Vermutlich spielt diesbezüglich der Zufall eine große Rolle. Bei einer Spore, der es gelingt zu keimen, und die das Glück hat, in der Nähe von toten Bäumen zu landen, stehen die Chancen recht gut, zu einem großen Pilz heranzuwachsen. Während andere kleinere Individuen naturgemäß mit größeren Widerständen konfrontiert werden. Es ist wie bei allen Organismen mit vielen Nachkommen: Nur äußerst wenige von ihnen überleben", berichtet James Anderson, Professor Emeritus an der Toronto University und Hallimasch-Experte.

Der Dunkle Hallimasch in Oregon mag zwar das größte Exemplar weltweit sein, doch er ist nicht der erste Riesenpilz, der je gefunden wurde. Diesen Titel hat ein anderer amerikanischer Gigant in einem Wald im nördlichen Michigan inne, ein Dunkler Laubholz-Hallimasch, der bereits 1992 in der wissenschaftlichen Zeitschrift *Nature* näher beschrieben wurde. Unter den Forschern galt dieses Exemplar als absoluter Knüller, der bei der Suche nach anderen Riesenpilzen einen regelrechten Wettstreit auslöste. Innerhalb Europas fand man den ersten Hallimasch mit ähnlichen Ausmaßen in einem schweizerischen Waldgebiet. Doch keiner dieser Riesen reicht an die Größe von „Humongous Fungus" in Oregon heran. Das hindert jedoch die Einwohner von Crystal Falls in Michigan nicht daran, ihren Riesenpilz jedes Jahr mit einem Festival zu ehren. Dann wird im ganzen Ort Pizza Funghi angeboten. Der Belag soll übrigens vom Riesen selbst stammen.

FLEDERMÄUSE MIT TÖDLICHEM NIKOLAUSBART

Im Jahr 2006 entdeckte man in einer Höhle im Bundesstaat New York/USA massenweise tote Fledermäuse. Alle sahen aus, als trügen sie weiße Bärte, die sich als das Myzel der Pilzart *Pseudogymnoascus destructans* herausstellten. Da der Pilz kälteresistent ist, kann er die Haut der Fledermäuse während ihres Winterschlafs infizieren, wenn ihre Immunabwehr auf Sparflamme läuft. Der Pilzbefall irritiert die Fledermäuse und weckt sie wiederholt auf, was stark an ihren Energiereserven zehrt. Folglich werden sie zunehmend schwächer, bis sie schließlich an Kälte und Hunger sterben. Die Krankheit nennt sich „White-Nose-Syndrom", Weißnasensyndrom. In den USA sind bereits Millionen von Fledermäusen daran gestorben. Auch in Europa kommt das Weißnasensyndrom vor, hier ist es allerdings keineswegs so verheerend. Die Fledermäuse in Europa sind offenbar schon länger mit dieser Krankheit vertraut und haben deshalb entsprechende Abwehrkräfte entwickelt. Vermutlich ist das Weißnasensyndrom von Europa aus in die USA eingeschleppt worden. Aktuell wird dort versucht, die Ausbreitung einzudämmen, indem man die Besucherzahlen in den Höhlen und stillgelegten Bergwerksgruben reduziert, wo Fledermäuse ihren Winterschlaf halten.

SCHWANGERSCHAFTSTESTS UND EIN PILZ, DER KRÖTEN AUSROTTET

Ein kleiner Pilz mit einem komplizierten Namen stellt seit Jahrzehnten die größte Bedrohung für Amphibien dar. Der Pilz heißt *Batrachochytrium dendrobatidis*, wird aber der Einfachheit halber „Bd" genannt. Er gehört zur Gruppe der Töpfchenpilze, jenen uralten Pilzen mit schwimmenden Sporen, die bereits in Kapitel 1 erwähnt wurden. Wenn eine schwimmende Spore der Art „Bd" auf einen Frosch trifft, bohrt sie sich rasch in dessen Haut. Der daraus entstehende Pilz bildet eine Sporenkapsel mit vielen verschiedenen Sporen aus, die Infektionen verbreiten können, sowie ein an Myzel erinnerndes Wurzelsystem, das ihn in der Haut verankert. Die Infektion verläuft für den Frosch oftmals tödlich, denn wie es scheint, löst dieser Pilz Herzinfarkte aus. Wissenschaftler vermuten, dass er das Ionen-Gleichgewicht in den Zellen des Frosches verschiebt. Die Ionen tragen zur Regulierung des Herzrhythmus bei.

Nach der aktuellen Studie eines internationalen Forscherteams hat diese Pilzinfektion innerhalb der letzten 50 Jahre die Bestände von insgesamt 500 Amphibienarten reduziert. Viele der betroffenen Arten sind akut bedroht, und für 90 davon ist es womöglich bereits zu spät. Man befürchtet ihr Aussterben.

Der Afrikanische Krallenfrosch hat zur Ausbreitung dieser Pilzkrankheit beigetragen, wenn auch vermutlich äußerst widerwillig. Diese bemitleidenswerte Froschart wurde nämlich für einen überaus beliebten Schwangerschaftstest in den 1930er-Jahren instrumentalisiert. Wenn man einem Weibchen den Urin einer Frau unter die Haut spritzt, und es daraufhin Eier produziert, gilt dies als Zeichen für eine vorliegende Schwangerschaft. Dieser frühe Schwangerschaftstest wurde rein zufällig entdeckt. Ein britischer Zoologe namens Lancelot Hogben forschte unter anderem an Hormonen. Er hatte festgestellt, dass der Krallenfrosch die Fähigkeit verliert, seine Hautfarbe der Umgebung anzupassen, wenn man seine Hypophyse, das Hormonzentrum im Gehirn, entfernt. Hogben führte dies auf das Fehlen der Hormone zurück. Bei einem nachfolgenden Versuch injizierte er Krallenfröschen einen Extrakt aus der Hypophyse eines Ochsen. Zu seinem Erstaunen stellte er fest, dass die Krallenfrosch-Weibchen nun zu laichen begannen. Der Extrakt enthielt Substanzen, die einem Hormon ähneln, das im Mutterkuchen von Schwangeren gebildet und über den Urin ausgeschieden wird. Lancelot Hogben wusste dies und startete daraufhin den Versuch, den armen Froschweibchen den Urin schwangerer Frauen zu injizieren. Auch dies löste eine Eiablage aus. Hogbens Froschversuche für Schwangerschaftstests waren ein voller Erfolg und führten zu einem umfangreichen Handel mit Afrikanischen Krallenfröschen, die wiederum die Krankheit „Bd“ von Afrika aus auf andere Kontinente verbreiteten.

Das Leben als Afrikanischer Krallenfrosch hält
auch angenehme Augenblicke bereit.

Afrikanische Krallenfrösche können zwar andere Froscharten anstecken, überleben eine Infektion mit dieser Krankheit aber für gewöhnlich. Ein schwacher Trost für eine Tierart, die im wahrsten Sinne des Wortes von den Menschen angepisst wurde.

ZOMBIE-PILZE

Oftmals lässt die Logik in Horrorfilmen ziemlich zu wünschen übrig. Man fragt sich beispielsweise, warum Autos, deren Motoren bislang immer einwandfrei liefen, auf einmal nicht mehr anspringen, sobald ein Axtmörder auftaucht. Oder warum die Leute plötzlich so unbeholfen wirken, wenn die Monster einfallen. Anstatt schleunigst die Beine in die Hand zu nehmen, stürzt der Gejagte unglücklich oder bleibt irgendwo hängen. Selbst Vampire, die normalerweise geradewegs durch Wände laufen können, geraten schon beim Anblick von Knoblauch in Panik. Auch das Zombie-Genre weist diesbezüglich so seine Tücken auf. Eine der größten Herausforderungen besteht darin, dem Publikum zu erklären, wie eigentlich der erste Zombie entstand. In frühen Filmen war es oft ein Fluch, der die Toten zum Leben erweckte, oder einfach Voodoo. Zu Beginn des Atomzeitalters diente schließlich Radioaktivität als beliebte Erklärung, während in den darauffolgenden Jahrzehnten vorzugsweise Epidemien über die Menschen hereinbrachen und diese in hirntote Zombies verwandelten. Ein besonders in den letzten Jahren populär gewordenes Thema ist die Verwandlung von Menschen in Zombies durch Pilze. Diese Erklärung ist vermutlich noch die logischste von allen. Auch Filmschaffende haben nämlich mitbekommen, dass es bestimmte Pilze gibt, die Kriechtiere in Zombies verwandeln können, warum also nicht auch Menschen? Höchste Zeit, einen näheren Blick auf die Blattschneiderameisen aus Kapitel 3 zu werfen, jene emsigen Arbeiter, die im Regenwald Pilze züchten.
Stellen Sie sich eine Ameisenkolonne vor, die schwer beladen mit Blättern für ihre Pilzzuchten den Rückweg zu ihrem Hügel antritt. Eine der Ameisen sieht aus, als sei sie high, ihre Bewegungen sind ruckartig und ungelenk. Sie ent-

fernt sich aus der Kolonne, klettert an einem Baumstamm hinauf und weiter die Äste und Zweige hoch bis zur Unterseite eines Blattes, das genau oberhalb der Ameisenstraße zum Hügel hängt. Die Ameise beißt sich im Blatt fest und stirbt. Zugleich blockieren ihre Kiefermuskeln, und obwohl sie bereits tot ist, lassen diese nicht mehr los. Die Ameise ist von einem Pilz befallen, der sie in einen willenlosen Zombie verwandelt hat, und jetzt ist es für den Pilz an der Zeit, seine Sporen zu verbreiten. Der Hinterkopf der Ameise platzt auf, und ein langer, schmaler Fruchtkörper wächst aus ihrem Kopf heraus. Kurz darauf regnen die Sporen des Fruchtkörpers über die auf dem Waldboden dahinmarschierenden Ameisen hinab. Auf diese Weise wird die Zombie-Infektion auf andere Ameisen übertragen.

Amerikanische Wissenschaftler haben untersucht, wie es dem Pilz gelingt, Kontrolle über die Ameise zu erlangen. Sie haben Ameisen im Labor infiziert und die Entwicklung der Pilze in ihrem Körper mithilfe eines Elektronenmikroskops verfolgt. Den Untersuchungen zufolge breiten sich die Pilzzellen in alle Körperteile aus, auch in den Kopf. Das Myzel wächst jedoch nicht bis ins Gehirn hinein, sondern vernetzt sich mit den Muskelzellen der Ameisen. Wie es scheint, errichtet der Pilz ein eigenes Nervensystem im Ameisenkörper, welches eine erstaunlich genaue Steuerung der Bewegungen des Tieres ermöglicht.

Im Hinblick darauf, wie effizient dieser parasitäre Pilz seine Opfer infiziert, liegt die Vorstellung nahe, dass ganze Armeen von Zombie-Ameisen durch den Regenwald torkeln, ungefähr so wie im Horrorfilm *Die Nacht der lebenden Toten* oder auch in Michael Jacksons Musikvideo *Thriller*, nur eben im Miniaturformat. Tatsächlich wird jedoch nur eine geringe Anzahl von Ameisen infiziert. Ein Grund dafür ist, dass Ameisen Individuen mit abweichenden Verhaltensweisen aus ihrer Kolonie entfernen, um den Ameisenhügel vor ansteckenden Krankheiten zu schützen. Außerdem ist es einer japanischen Studie zufolge durchaus möglich, dass parasitäre Pilze selbst infiziert werden. Der berüchtigte Zombie-Pilz gehört zur Gattung *Ophiocordyceps*. Wie die japanischen Forscher

Nächste Doppelseite: Ein wandelndes Pilz-Stäbchen.
Von *Ophiocordyceps* befallenes Insekt.

nachgewiesen haben, kann dieser Pilz von einem Exemplar derselben Gattung infiziert werden. Demzufolge sprießen mitunter zwei Arten von Fruchtkörpern aus dem Körper der Zombie-Ameise, nachdem sie zum Sterben auf eine Pflanze geklettert ist und dabei die Sporen ihres Parasiten verbreitet hat: ein großer, aus dem Hinterkopf herauswachsender Fruchtkörper des Zombie-Pilzes sowie eine Menge kleinerer, über den ganzen Körper verteilte. Diese Fruchtkörper stammen vom Parasiten auf dem Zombie-Pilz.

Zombie-Pilze spielen des Öfteren die Hauptrolle in Filmen und Computerspielen. Beispielsweise haben sie die Handlung in „Der Vulkan", einer Episode der Kultserie *Akte X* aus den 1990er-Jahren inspiriert. In dieser Folge infizieren sich Wissenschaftler bei der Inspektion einer Vulkanhöhle mit einer neuartigen Pilzart. Dieser Pilz verbreitet sich über die Sporen aus seinem Fruchtkörper, der aus dem Hals seiner Opfer herauswächst. In den vergangenen Jahren hat auch der Streaming-Riese Netflix zwei Filme zum Thema Pilz-Zombies herausgebracht. In *The girl with all the gifts* wird ein hoher Turm mit einem weißen, an Myzel erinnernden Gewebe umhüllt. Der Turm verwandelt sich daraufhin in eine Art gigantischen Fruchtkörper, der potenziell die ganze Welt mit der Zombie-Infektion anstecken kann. Im Videospiel *The Last of Us* von 2013 geht es um den Kampf gegen Zombies und die verzweifelte Suche nach einem Heilmittel gegen eine vom *Ophiocordyceps*-Pilz ausgelöste Infektion, die das Gehirn befällt.

PILZE, DIE FÜR MÖRDERISCHE KONKURRENZ SORGEN

Pilze schmecken wirklich gut, und ich esse sie liebend gerne. Ich habe auch schon Insekten probiert und finde, dass sie ganz okay schmecken. Aber einen Pilz zu essen, der dem Kopf eines Insekts entwachsen ist, kommt zumindest für mich nicht infrage. Dennoch sind genau diese Pilze unglaublich begehrt. Laut Angaben sind sie ihr Gewicht in Gold wert und mitunter sogar weitaus mehr als das.

In der kargen Steppe des Tibetanischen Hochlands wächst ein Pilz namens „Gold des Himalaya" oder auch „Viagra des Himalaya". Sein schmaler Fruchtkörper ist dunkel gefärbt und nur wenige Zentimeter lang. Wenn man ihn aus der Erde gräbt, sieht man, dass er fest im Kopf einer mumifizierten Larve steckt. Dieser Pilz ist ein Parasit. Er infiziert und tötet Schmetterlingslarven und ist verwandt mit dem Zombie-Pilz, der Blattschneiderameisen befällt. Diese Pilze nennen sich Kernkeulen oder auch Raupenpilze; die Puppen-Kernkeule habe ich bereits in Kapitel 2 erwähnt.

Nicht jeder würde auf die Idee kommen, diese Parasiten zu essen. Doch die Raupenpilze im Tibetischen Hochland werden schon seit mindestens 700 Jahren in der Traditionellen Chinesischen Medizin verwendet. Sie sollen gesund für Niere und Lunge sein und nicht zuletzt auch die Potenz steigern. Früher waren diese Pilze dem Kaiser und Mitgliedern der Oberschicht vorbehalten. Heute werden in der wachsenden Mittelschicht Chinas zunehmend traditionelle Arzneimittel auf Basis des Raupenpilzes eingenommen, sodass der Konsum seither steigt. Die Nachfrage ist in den letzten Jahren sogar geradezu explodiert und damit auch der Preis. Diese bizarren Pilze mit ihren anhaftenden Puppen werden teurer gehandelt als Trüffel und Gold.

Das Sammeln von Raupenpilzen ist für die Bewohner ihres Verbreitungsgebiets zu einer wichtigen Einkommensquelle geworden. Doch die Pilze gaben auch Anlass zu Streitereien. Sie befeuerten sogar mafiöse Machenschaften bis hin zu Mord. Ja, im Kampf um die besten Pilzreviere sind bereits Leute umgebracht worden. Darüber hinaus hat die große Nachfrage auch zu einer starken Dezimierung der Bestände des Chinesischen Raupenpilzes geführt, und er wird schon bald auf der Roten Liste bedrohter Arten stehen.

PILZE, DIE WÜRMER JAGEN

Fleischfressende Pflanzen faszinieren viele Menschen, was nicht weiter verwunderlich ist. Auch mich erstaunt es immer wieder, wie diese Pflanzen mithilfe ihrer zu Fallen umgebildeten Blüten Insekten fangen können. Aber gibt es auch fleischfressende Pilze? Ja, viele! Mehrere 100 Pilzarten fangen ihre Beute lebend und verzehren sie dann in Pilzmanier. Sie lösen das Zellgewebe ihrer Beute

mithilfe von Enzymen auf und verleiben sich die Nährstoffe daraus ein. Die Lieblingsbeute dieser Pilze sind millimetergroße Fadenwürmer im Erdreich. Man nennt sie Nematoden.
Die Jagdpraktiken dieser Pilze sind mindestens genauso raffiniert wie die der fleischfressenden Pflanzen. Sie fangen die Nematoden mit kunstvoll arrangierten Fallen, bestehend aus ihrem Myzel. Manche Pilzarten erschaffen sogar das reinste Labyrinth aus klebrigen Myzel-Ringen, das wie ein Spinnennetz funktioniert. Andere wiederum wenden eine Methode an, die aus der Sicht friedliebender Menschen fast brutal erscheint. Sie bilden Myzel-Schlingen, die sie um den Körper der Nematoden herum zuziehen. Diese Schlingen besitzen einen nahezu eleganten Aufbau. Üblicherweise bestehen sie aus drei länglichen Pilzzellen, die einen Ring bilden. Der Pilz erkennt auf chemischem Weg, ob ein Nematode in die Schlinge hineinschlüpft. Wenn dies geschieht, schwellen diese drei Zellen innerhalb weniger Sekunden an und klemmen den Nematoden ein. Dann bohrt sich das Myzel des Pilzes in den Nematoden hinein und tötet ihn. Das Gewebe des Fadenwurms wird mittels Enzymen aufgelöst, woraufhin der Pilz die Nährstoffe aufnehmen kann.

WIR MENSCHEN TRAGEN ZU DIESEN PROBLEMEN BEI

Dieses Kapitel erweckt möglicherweise den Eindruck, dass Pilze geradewegs den Weltuntergang heraufbeschwören. Doch das ist natürlich nicht der Fall. Vielmehr ist es so, dass wir alle Arbeiten und Dienste, die Pilze für uns und auch für andere Organismen übernehmen, als selbstverständlich hinnehmen. Dabei handelt es sich um permanente Prozesse, die wir in unserem Alltag gar nicht wahrnehmen. Erst wenn sie wegfallen, sich negativ auf uns auswirken oder gar zu einer Bedrohung für uns werden, reagieren wir.
Dabei haben wir Menschen selbst zu vielen dieser Probleme beigetragen. Eigentlich ist es ganz natürlich, dass Pflanzen und Bäume von Schädlingen befallen werden. Sie werden wie fast alle Organismen von Parasiten heimgesucht, die genau auf ihre Art spezialisiert sind. Wenn man diese Pflanzen in Monokulturen

WURMKILLENDER HAPPEN

Hier wird deutlich, woher der Schopf-Tintling oder auch Tintenpilz (Coprinus comatus) seinen Namen hat. Er verbreitet seine Sporen mittels schwarzer, herabtropfender „Tinte“ und bildet an seinen Hyphen auch kleine Dornen aus, um damit Nematoden aufspießen und vergiften zu können, bevor er die kleinen Würmer schließlich verzehrt. Für den Menschen ist der Pilz ungefährlich. Der Schopf-Tintling eignet sich sogar gut als Speisepilz, wenn man ihn vor der Schwarzfärbung seines Hutes erntet.

züchtet, herrschen für Parasiten paradiesische Zustände. Man bietet ihnen also genau das, was sie benötigen, um sich massenweise zu vermehren.
Ein anderes Beispiel: Amphibien und Fledermäuse, die auf unterschiedlichen Kontinenten leben, können einander nicht ohne unser Zutun mit Pilzinfektionen anstecken. Globaler Handel und internationales Reisen sind die Hauptgründe dafür, dass wir mit immer schwerwiegenderen Problemen durch invasive Arten konfrontiert werden. Soweit man weiß, sind wir Menschen zwar nicht für die gigantische Größe von Pilzen wie dem Dunklen Hallimasch verantwortlich, aber es würde mich nicht wundern, wenn Wissenschaftler eines Tages feststellten, dass wir auch dort unsere Finger mit im Spiel hatten.

Infektion mit *Candida albicans*, einem Pilz, der sich häufig im menschlichen Mund ausbreitet und dort Soor verursacht.

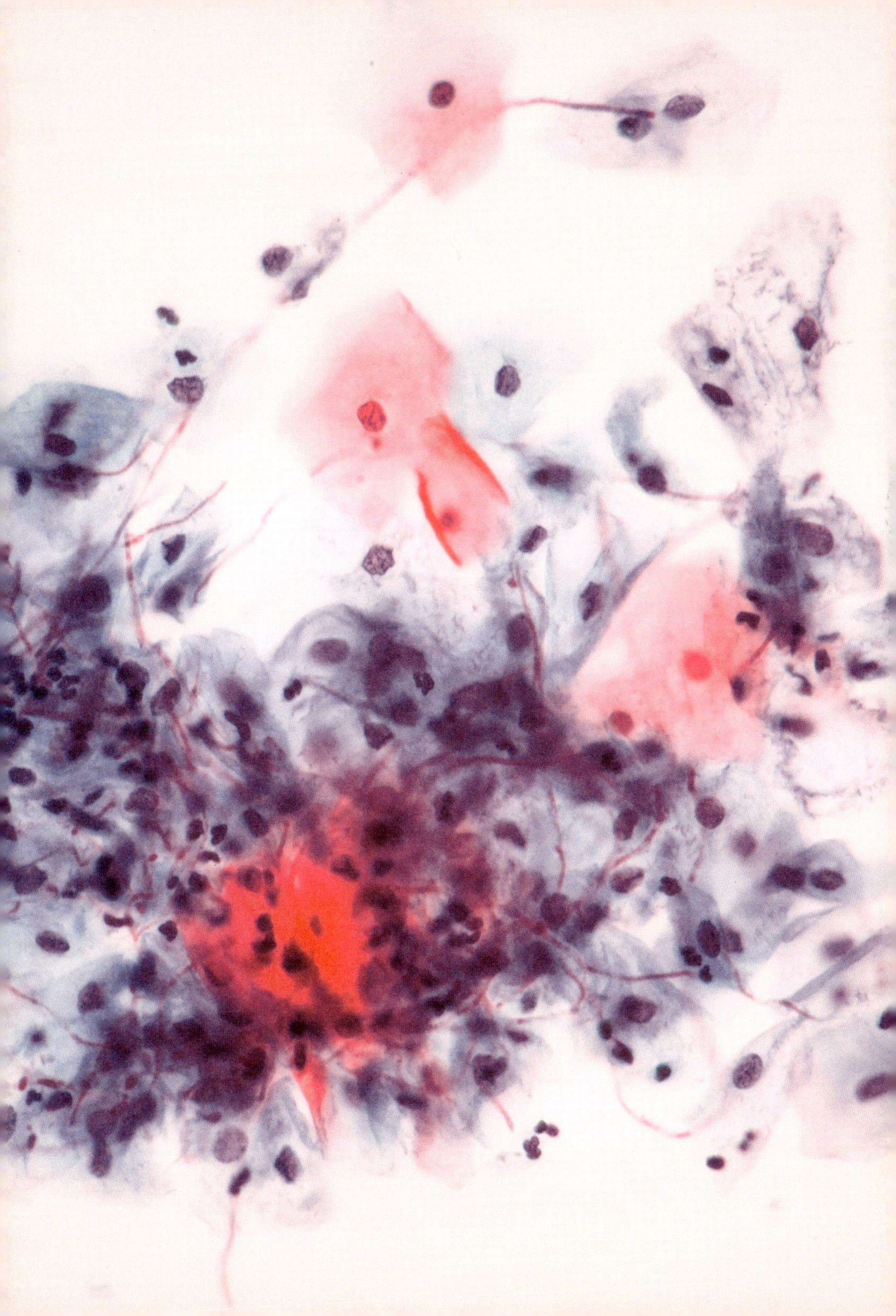

6 | GLÄNZENDE ZUKUNFTSAUSSICHTEN

Kann man in einem Pilz wohnen?

Dass unsere Vorfahren Holz anstelle von Pilz-Myzel als Baumaterial benutzten, ist nicht weiter verwunderlich. Pilze wachsen häufig ziemlich versteckt im Wald, und Verwendungszwecke für etwas zu finden, das man nur selten sieht, ist nicht ganz leicht. Die heutige Wissenschaft zeigt jedoch, dass Pilzmyzel in Zukunft zu einem bedeutsamen Baustoff werden könnte. Auch dass man Erdöl zur Erzeugung von Kraftstoffen und synthetischen Materialien wie Kunststoff einsetzte, ist ganz logisch. Vor nicht allzu langer Zeit gab es noch riesige Erdölvorkommen, die schwarze, klebrige Flüssigkeit sprudelte geradezu aus dem Boden und wurde zu einer Inspirationsquelle für den Menschen. Leider fanden wir nur allzu viele Verwendungszwecke, was letztlich zur Abhängigkeit von Erdöl führte. Jetzt sind wir gezwungen, uns wieder daraus zu befreien. Schon heute setzt man für die Produktion von Biokraftstoffen bestimmte Pilze ein. Auch die Entwicklung von sogenannten Biokraftstoffen der zweiten Generation ist bereits angelaufen, wodurch den Pilzen künftig eine noch größere Bedeutung zukommen wird. Bezüglich der Reduzierung von Kunststoff finden aktuell Versuche zur Herstellung alternativer kunststoffähnlicher Materialien aus Chitin statt, also jenem Stoff, der die Zellwände von Pilzen verstärkt. Chitin ist eines von vielen natürlichen *Biopolymeren* und besteht genauso wie die *Polymere* zur Kunststoffgewinnung aus Öl und Gas aus langen Kohlenstoffketten.
Da Pilze fast alles zersetzen können, besitzen sie ein enormes Potenzial im Bereich der *Bioremediation*. Das ist gewissermaßen die Fähigkeit der Natur,

Der mit einem Netz überzogene *Phallus indusiatus* gehört zur Gattung der Stinkmorcheln.

hinter uns aufzuräumen. Dazu gehört beispielsweise der Einsatz von Bakterien zur Entfernung von Ölteppichen. Doch Pilze können noch weitaus größere Herausforderungen meistern. Aktuell laufen Versuche zur Beseitigung der womöglich größten, durch Menschen verursachten Umweltverschmutzungen mithilfe von Pilzen, nämlich Atommüll. Manche Pilze lieben radioaktive Strahlung geradezu, wie die Atomkatastrophe in Tschernobyl gezeigt hat.

DER SCHWARZE SCHIMMEL VON TSCHERNOBYL

Am 28. April 1986 wird im Kernkraftwerk Forsmark in Mittelschweden Alarm ausgelöst. Die Strahlungsmonitore haben innerhalb der Anlage erhöhte Werte registriert. Man beginnt fieberhaft nach der Ursache zu suchen. Gibt es irgendwo ein Leck? Wie sich herausstellt, ist der Alarm durch ein Paar Schuhe ausgelöst worden. Ihnen haften radioaktive Partikel an. Dieselbe Art von Partikeln wird auch auf dem Rasen außerhalb des Gebäudes registriert. Offenbar ist radioaktiver Niederschlag durch das Personal von außen in das Gebäude getragen worden. In den Tagen zuvor war der Wind aus Nordost gekommen, und im nordöstlichen Schweden hatte es geregnet. Die Blicke richten sich gen Osten. Zwei Tage später räumt die Sowjetunion ein, dass es im Atomkraftwerk von Tschernobyl in der Ukraine zu einem Unfall gekommen war.

Der Unfall ereignete sich in Zusammenhang mit einer Sicherheitsprüfung, bei der paradoxerweise diverse Sicherheitssysteme abgeschaltet werden mussten. Hinzu kamen menschliches Versagen und bauartbedingte Eigenschaften des Reaktors. Die Reaktoren in Tschernobyl waren sowohl für die Energieproduktion als auch für die Atomwaffenproduktion ausgelegt, ein Kompromiss, der das System komplex und ziemlich instabil machte. Während der Sicherheitsprüfung verloren die Techniker die Kontrolle über die Reaktorleistung in Block 4. Erst sank diese auf extrem niedrige Werte ab, und als man versuchte, dem entgegenzuwirken, schossen die Werte geradezu in die Höhe. Der Reaktor überhitzte, und das Kühlwasser löste schließlich eine Dampfexplosion aus, bei der das gesamte Gebäude in die Luft flog. Teile des Reaktorkerns schlugen unmittelbar an der Unglücksstelle auf, wobei sich eine gigantische Wolke aus radioaktiven Partikeln bildete. Diese Wolke erreichte Schweden zwei Tage später, wo man erhöhte Strahlenwerte in den Atomkraftwerken maß.

Einige Jahre nach dem Unfall stellten ukrainische Wissenschaftler fest, dass sich im Inneren der zerstörten Reaktoranlage Schimmel bildete. Das Gebäude war noch immer so stark radioaktiv verseucht, dass man einen Roboter einsetzen musste, um Proben von diesen Schimmelpilzen nehmen zu können.

Pilze, die radioaktive Strahlung lieben – das klingt eher nach einem Sujet für einen Horrorfilm. Dementsprechend sind auch viele dieser Arten pechschwarz oder eklig kackbraun, was wiederum auf ihrem hohen *Melanin*-Anteil beruht. Melanin ist dasselbe Pigment, das auch unsere Haut bräunt, wenn wir sie der Sonne aussetzen. Genau dieses Pigment bildet den Schlüssel zur besonderen Fähigkeit dieser Pilze. Dank des Melanins sind sie in der Lage, jegliche Energie in der Strahlung zu binden und zu speichern. Dieser Prozess ist gewissermaßen eine radioaktive Variante der Photosynthese bei Pflanzen.

Auch heute noch, 35 Jahre nach der Explosion, ist der Boden im Umkreis um die Reaktoranlage in Tschernobyl mit radioaktivem Niederschlag verseucht. Dort finden sich auch Überreste der Grafitstäbe, die zur Regulierung der Kernreaktionen eingesetzt wurden. Wissenschaftler aus der Ukraine konnten nachweisen, dass die strahlungsaffinen Schimmelpilze von diesen „Hotspots“ geradezu angezogen werden. Das Myzel der Pilze wächst in die Grafitreste hinein, und wie es scheint, können sie das radioaktive Material tatsächlich zersetzen und daraus Kohlenstoff erzeugen (Grafit besteht aus Kohlenstoff). Der Boden ist des Weiteren verseucht mit radioaktiven Isotopen aus diversen chemischen Elementen, unter anderem Caesium, Strontium und Kobalt. Mehrere unterschiedliche Studien haben gezeigt, dass Pilze diese Substanzen aufnehmen, obwohl sie sie nicht unbedingt benötigen. Man vermutet, dass die Pilze manche nützliche Elemente mit radioaktiven Elementen verwechseln. Beispielsweise nehmen sie Caesium anstelle von Kalium auf. Diesen Prozess könnte man sich für die Bioremediation zunutze machen, also die Sanierung radioaktiv verseuchter Böden. Wenn jedoch Pilze diese Sanierung übernehmen, nennt man diesen Prozess korrekterweise *Mykoremediation*. Ehre, wem Ehre gebührt.

DIE HEFEPILZE DES KALTEN KRIEGES

Die Katastrophe von Tschernobyl kann zweifelsohne als radioaktives Inferno bezeichnet werden. Doch sie ist noch nichts gegen die „Hanford Site" im Bundesstaat Washington/USA.

Hier stehen die Überreste einer gigantischen Produktionsstätte für Atomwaffen, die während des Kalten Krieges auf Hochtouren lief. Die „Hanford Site" lieferte Plutonium für den Großteil der rund 60.000 Atomwaffen, die innerhalb dieser Zeit in den USA hergestellt wurden. Auf der Anlage stehen heute noch immer ungefähr 170 unterirdische Tanks mit insgesamt 200.000 Kubikmetern flüssigem radioaktiven Müll. Diese Tanks waren nie für eine Langzeitverwahrung vorgesehenen, und bereits in den 1960er-Jahren wurden die ersten Lecks festgestellt.

Amerikanische Wissenschaftler versuchen schon seit geraumer Zeit, Methoden für die Bioremediation der Flüssigkeit in den Tanks zu entwickeln. Dabei hat man sich bislang auf die Verwendung von Bakterien konzentriert. Doch der radioaktive Müll besitzt einen ziemlich niedrigen pH-Wert, und Bakterien können in dem sauren Milieu kaum überleben. In einer aktuellen Studie heben die Forscher nun jedoch die Eigenschaften eines Hefepilzes namens *Rhodotorula taiwanensis* hervor. Er kommt sowohl mit hohen Strahlungsdosen als auch mit niedrigen pH-Werten zurecht.

Aber wie soll die Remediation des Tankinhalts rein praktisch ablaufen?

Bedauerlicherweise ist es nicht ganz leicht, das herauszufinden. Meine Kontaktaufnahme mit den Forschern, die sich des Atommülls in der „Hanford Site" annehmen, scheint eine gewisse Panik auszulösen. Keiner von ihnen ist bereit, sich zu äußern, alle arbeiten fürs amerikani-

EIN ECHTER SCHEISSPILZ

Der Hefepilz Cryptococcus neoformans *fühlt sich wohl in Vogelkot. Er ist bekannt als Verursacher von heftigen Lungenentzündungen beim Menschen. Amerikanische Wissenschaftler haben diesen Pilz einer ionisierenden Strahlung ausgesetzt, die 500-mal stärker ist als die Hintergrundstrahlung (die natürliche Strahlung in der Umgebung). Und wie reagierte der Pilz? Er schaltete den Turbo ein, und seine Wachstumsgeschwindigkeit verdreifachte sich.*

sche Militär und dürfen ohne Erlaubnis nicht mit der Presse sprechen. Ich werde an einen Pressesprecher als Mittelsmann verwiesen, der meine Fragen auf Zulässigkeit prüfen und an die Forscher weiterleiten würde. Die Zeit vergeht, doch nichts geschieht. Letztlich gebe ich auf. Meine Nachfragen zum Hefepilz *Rhodotorula taiwanensis* sind in den Mühlen der amerikanischen Bürokratie zermahlen und wie Sporen mit dem Wind davongetragen worden.
Andere Wissenschaftler nehmen an, dass man flüssigen Atommüll mithilfe von Bioreaktoren unschädlich machen kann. Bioreaktoren sind Tankanlagen, wie man sie beispielsweise auch für die Herstellung von Quorn (siehe Kapitel 4) nutzt. Laut Aussage der Forscher wird der radioaktive Müll in den riesigen Tanks zusammen mit strahlungsaffinen Schimmelpilzen unter Sauerstoffzufuhr herumgewirbelt, wobei die Schimmelpilze der Flüssigkeit alle schädlichen Substanzen entziehen. Danach werden die Pilze aus der Lösung entfernt und vernichtet. Britische Wissenschaftler haben bereits solche Bioreaktoren im Miniformat konstruiert und konnten nachweisen, dass *Mikropilze* (Sammelbezeichnung für Hefe- und Schimmelpilze) in der Lage sind, der Flüssigkeit in diesen Behältern das radioaktive Element Thorium zu entziehen. Doch bislang sind diese Versuche noch nicht in großem Maßstab durchgeführt worden.

U-BAHN-PILZ SOLL WASSER IN DER EISENERZGRUBE VON KIRUNA REINIGEN

Auch in Schweden laufen aktuell Versuche zur Schadstoffbeseitigung durch Pilze. Im Jahr 2020 entdeckten Wissenschaftler vom Naturhistorischen Reichsmuseum bislang unbekannte Mikropilze in der Eisenerzgrube von Kiruna und entnahmen Proben davon aus 1.000 Meter Tiefe. Einige der untersuchten Arten waren in der Lage, Öle zu zersetzen. Nun hofft man, mit diesem Fund eine neuartige umweltfreundliche Methode zur Säuberung des verunreinigten Grubenwassers entwickeln zu können. Jährlich werden Millionen Liter Wasser aus der Grube gepumpt. Das Projekt nahm seinen Anfang allerdings an einem völlig anderen unterirdischen Ort: in der U-Bahn-Station Kungsträdgården in Stockholm. Dort waren die Forscher wenige Jahre zuvor zum ersten Mal auf diesen neuartigen „Reinigungspilz" gestoßen.

RADIOAKTIVE PFIFFERLINGE KÖNNTEN FUKUSHIMA RETTEN

Nicht nur Mikropilze sind in der Lage, radioaktive Substanzen aufzunehmen, sondern auch Großpilze. Der amerikanische Pilzexperte Paul Stamets hat sich mit der radioaktiven Verseuchung im Atomkraftwerk Fukushima/Japan beschäftigt und rät dazu, den kontaminierten Boden rund um das Kernkraftwerk mithilfe von Großpilzen zu reinigen. Der Meiler war 2011 infolge eines Erdbebens havariert. Paul Stamets ist allerdings kein Wissenschaftler, sondern ehemaliger Holzfäller und autodidaktischer Mykologe. Seine Methode ist dementsprechend bodenständig. Ihm zufolge sollte man alle verseuchten Bäume und Holzgebäude im Umkreis um Fukushima zu Holzspänen schreddern und diese in den verseuchten Boden einbringen. Anschließend könnte man darauf frische einheimische Laubbäume und Kiefern sowie mehrere Sorten Großpilze pflanzen, mit denen diese Bäume Mykorrhiza ausbilden. Als Beispiele nennt er den Großen Schmierling und den Trompetenpfifferling. Ihr Myzel würde das im Boden befindliche radioaktive Caesium aufnehmen und einen Teil davon in die Fruchtkörper weiterleiten. Durch Absammeln aller aus dem Boden schießenden Fruchtkörper könnte man so den Boden sanieren. Das Gebiet müsste unterdessen jedoch sorgfältig überwacht werden, damit keine Unbefugten die radioaktiven Pfifferlinge ernten, wie Paul Stamets erklärt.

ASBEST UND BLEI – KEIN PROBLEM!

Auf einer fiktiven Liste der gesundheitsschädlichsten Baustoffe aller Zeiten würde Asbest einen Spitzenplatz einnehmen. Asbest ist der Sammelbegriff für eine Anzahl verschiedener faserförmiger Silikat-Minerale, die natürlicherweise im Grundgestein vorkommen. Die Fasern besitzen eine große Zugfestigkeit, sind biegbar und hitzebeständig und haben darüber hinaus wärmeisolierende Eigenschaften. Asbest könnte also das perfekte Baumaterial sein, wenn er nicht so gesundheitsschädlich wäre. Das Einatmen von Asbeststaub kann laut

wissenschaftlicher Studien zu unheilbaren Lungenschäden führen und Krebs verursachen. Asbestverseuchte Gebäude lassen sich zwar relativ leicht sanieren, doch es ist weitaus schwieriger, den Boden um Gruben und Industriegebiete herum vom Asbest zu befreien, in denen er abgebaut und hergestellt wurde. Doch glücklicherweise gibt es Pilze, die „Asbest zum Frühstück verspeisen". Diese könnte man für die Sanierung des verseuchten Bodens einsetzen. Asbest enthält Eisen, ein Spurenelement, das fast alle Organismen zum Leben benötigen. Wissenschaftlichen Versuchen zufolge sind gleich mehrere Pilzarten in der Lage, dem Asbest Eisen zu entziehen und ihn damit für den Menschen unschädlicher zu machen. Außerdem bindet das Pilzmyzel die Asbestfasern im Boden, wodurch das Risiko einer Ausbreitung von gefährlichen Fasern und Partikeln zusätzlich minimiert wird.

Blei ist ein Stoff, der für die meisten Organismen und auch für Pilze giftig ist. Doch es gibt Pilzarten, die Blei in ungefährliche bleihaltige Minerale umwandeln können. Von diesem Umwandlungsprozess könnte man bei der Sanierung von bleiverseuchten Böden Gebrauch machen. Laut wissenschaftlicher Versuche kann Pilzmyzel auf der Oberfläche von Bleikugeln wachsen und sie mit Mineralen umschließen. Diese Fähigkeit könnte wiederum zur Eindämmung von Bleiverseuchungen auf Schießanlagen und in ehemaligen Kriegsgebieten genutzt werden.

KUNSTSTOFFFRESSENDE PILZE IN PAKISTAN

Im Prinzip ist es kaum vorstellbar, dass sich irgendwelche Lebewesen von Plastikmüll ernähren könnten. Doch es gibt Pilze, die genau das tun. Und eigentlich ist es auch nicht weiter verwunderlich, denn Kunststoff besteht aus kohlenstoffbasierten Polymeren. Cellulose ist ebenfalls ein kohlenstoffbasiertes Polymer, das Pilze zu Zucker zersetzen. Wenn ein Pilz die Polymere im Kunststoff

Asbest ist für manche Pilze geradezu ein Leckerbissen.

zersetzen kann, müsste das Endprodukt auch eine Art Zucker sein – sogenannter „Kunststoffzucker", den die Pilze dann aufnehmen.

Polyurethan ist ein Kunststoff, der in Autoreifen, Verpackungen, Farben, synthetischem Leder und Putzschwämmen verarbeitet wird. Kürzlich berichtete ein Forscherteam aus China und Pakistan von der Entdeckung eines Pilzes, der sich von Polyurethan ernährt. Der Ort, an dem dieser Pilz lebt, ist ziemlich unwirtlich, aber durchaus naheliegend für einen kunststoffaffinen Pilz – eine Mülldeponie in den Außenbezirken von Islamabad, der Hauptstadt Pakistans. Der Pilz gehört zur Schimmelgattung *Aspergillus*, die innerhalb der Industrie rege Anwendung bei der Herstellung diverser Enzyme findet. Dieser Schimmelpilz, den die Forscher auf der Müllkippe entdeckten, gehört zu einem speziellen *Stamm* der Art *Aspergillus tubingensis*. Ein Stamm bezeichnet eine Gruppe von Individuen, deren äußerliche Merkmale oder Genetik leicht von der Art abweichen. Diese Abweichungen sind jedoch nicht stark genug, um die Gruppe als eigene Art betrachten zu können.

Aktuell wissen die Forscher noch nicht genau, wie dieser Stamm von *Aspergillus tubingensis* bei der Zersetzung von Kunststoff vorgeht. Vermutlich sind die Pilze aber mit besonders starken Enzymen ausgestattet, die im Kampf gegen die wachsenden Berge von Kunststoffmüll auf unserem Erdball hoffentlich schon bald zum Einsatz kommen.

FUNKTIONSFÄHIGER KUNSTSTOFF AUS DEM REICH DER FUNGI

Sowohl das Chitin in den Zellwänden der Pilze als auch die Cellulose, die sie zersetzen, sind *Biopolymere*. Der Zusatz „Bio" deutet bereits an, dass sie Bestandteile lebender Organismen sind. Wie schon einleitend in diesem Kapitel erwähnt, handelt es sich bei Biopolymeren um lange kohlenstoffbasierte Molekülketten, genau wie bei den Polymeren in Kunststoff, der aus Erdöl und -gas hergestellt wird. Bedeutet das also, dass man aus Biopolymeren umweltfreundliche Kunststoffe gewinnen kann? Ja, das funktioniert sogar ganz ausgezeichnet.

Mittels Schichtung dünner Lagen aus Cellulose und Chitin hat ein amerikanisches Forscherteam eine umweltfreundliche Alternative zu Kunststoff entwickelt. Da Cellulose eine negative Ladung und Chitin eine positive hat, verbinden sich die unterschiedlichen Schichten fest miteinander, was für eine hohe Stabilität sorgt. Diese Verbindung ist kaum sauerstoffdurchlässig – eine Eigenschaft, die sich nach Aussage der Forscher für die Nutzung als Verpackungsmaterial in der Lebensmittelindustrie eignet.

Ein Großteil der heutigen Lebensmittelverpackungen wird aus sogenannten *Thermoplasten* hergestellt, die bei Erwärmung weich werden und sich deshalb leicht formen lassen. Lebensmittelverpackungen aus Thermoplasten werden mit einer Methode namens Blasform-Verfahren gefertigt. Nehmen wir eine PET-Flasche als Beispiel: Ihr Dasein beginnt als kleine Kunststoffblase aus Thermoplasten. Die Blase wird erwärmt, bis das Material weich wird, und dann in eine Blasform gegeben, die wie eine PET-Flasche aussieht. Daraufhin wird der Formling mit Luft gefüllt, wodurch er sich ausdehnt und gegen die Innenseiten der Form gepresst wird – Voilà! Die PET-Flasche ist fertig. Der Prozess des Blasformens, ein Grundpfeiler in der Kunststoffindustrie, ist exakt und benötigt nur minimalen Zeitaufwand.

Allerdings lässt sich diese Methode nicht bei Cellulose und Chitin anwenden, was ein Problem darstellt. Wenn man zukünftig Kunststoff durch Biopolymere ersetzen möchte, muss das Formen ebenfalls schnell und unkompliziert erfolgen. Die amerikanischen Forscher haben herausgefunden, dass man Lösungen aus Cellulose und Chitin auf Wasserbasis auch schichtenweise übereinandersprühen kann. Ihren Erfahrungen zufolge funktioniert diese Methode ausgezeichnet. Doch bevor diese Art von Material marktreif ist, muss noch ein weiteres Problem gelöst werden: die Bereitstellung von Chitin. Und hier könnten die Pilze ins Spiel kommen. Die Forscher verwendeten für ihre Experimente Chitin aus den Schalen von Meeresfrüchten. Obwohl Pilze die drittgrößte Organismengruppe auf unserem Planeten bilden, betreibt bis heute noch kein Unternehmen die Gewinnung von Pilz-Chitin in großem Stil. Dies hängt jedoch weniger mit technischen Schwierigkeiten zusammen als mit der aktuell noch zu geringen Nachfrage.

PILZE IN DER BAUBRANCHE

Anfang der 1990er-Jahre kaufte mein Bruder ein Haus in der Nähe von Norrköping südwestlich von Stockholm. Im Garten gab es einen Tennisplatz, der zugegebenermaßen schon seine besten Zeiten hinter sich hatte. Mein Bruder spielte zwar kein Tennis, aber: Ein Tennisplatz macht, wie er meinte, genauso viel her wie ein Swimmingpool. Eines schönen Herbsttages brach aus der Asphaltdecke des Platzes ein Pilz heraus. Ich weiß nicht mehr, um welche Art es sich handelte, aber vermutlich war es ein Stadt-Champignon (*Agaricus bitorquis*), der Erzfeind des Asphalts.

Mein Bruder war natürlich verärgert und riss ihn sofort heraus. Doch schon kurz darauf bildete sich eine neue Delle im Asphalt. Im Boden wuchsen also noch weitere Exemplare. Mein Bruder erklärte ihnen den Krieg. Er lieh sich einen Traktor und parkte ihn mit dem Rad direkt auf der Delle. Die Pilze konterten, indem sie den Asphalt an anderen Stellen durchbrachen. Mein Bruder war chancenlos und der Tennisplatz letztlich verloren. Die Jahre vergingen, und die Natur holte sich den Boden wieder zurück. Heute ist davon nur noch ein hoher Gitterzaun an den jeweiligen Schmalseiten übrig geblieben. Dieser wird allerdings „Elchfänger" genannt, weil einmal in einer dunklen Nacht ein Elch dagegenprallte und sich das Genick brach. Vielleicht war er schon etwas älter und konnte nicht mehr so gut sehen.

Im Hinblick darauf, dass viele Pilze so filigran sind und schon zerbrechen, wenn man sie nur antippt, ist es geradezu unvorstellbar, dass diese kleinen Knirpse etwas derart Robustes wie Asphalt durchbrechen können. Doch wie schon auf Seite 46 beschrieben, können Pilze ihre Fruchtkörper gewissermaßen aufpumpen, indem sie diese mit Wasser füllen. Der Druck im Fruchtkörper eines Pilzes kann so extrem hoch werden. So fungiert der anschwellende Fruchtkörper wie eine Art Wagenheber, der von unten her gegen den Asphalt presst. Ein serbischer Wissenschaftler entdeckte eines Tages auf der Straße vor

Gäbe es die sogenannten Löwenzahnkinder nicht, hätte man Mädchen und Jungen mit einer schweren Kindheit vielleicht „Champignon-Kinder" genannt.

KUNSTHANDWERKS-MYZEL

Gut möglich, dass der nächste Trend unter Handwerk-Hipstern, die sich vom Bierbrauen und Würstestopfen verabschieden möchten, Myko-Design heißt. Die Technik zur Herstellung von Kunsthandwerk aus Pilzmyzel ist ganz simpel. In den USA verkaufen bereits „Myko-Entrepreneure" sogenannte Do-it-yourself-Tüten mit Sägespänen und Pilzen. Im Internet gibt es jede Menge Anleitungen zum Designen, Züchten und Trocknen von Objekten aus Myzel in der eigenen Küche, beispielsweise von Blumentöpfen oder Lampenschirmen. Mit etwas Geduld sind der Fantasie keine Grenzen gesetzt!

seinem Haus drei Stinkmorcheln, die den Asphalt durchbrochen hatten. Seine Kollegen beschlossen daraufhin zu berechnen, wie stark diese Stinkmorcheln genau waren. Wie sich herausstellte, konnten die drei Pilze zusammen 400 Kilo anheben. Demnach ist also eine einzelne Stinkmorchel in der Lage, einen Menschen zu stemmen.

Was lernen wir daraus? Nun ja, zum einen, dass Zäune hart und Elchkörper weich sind. Zum anderen aber auch, dass Pilze erstaunlich stark und stabil sind. Diese Eigenschaften kann man sich in der Bauindustrie zunutze machen. Aktuell laufen bereits Versuchsreihen zur Herstellung von umweltfreundlichem Baustoff aus Myzel und Rückständen der Land- und Forstwirtschaft. Diese neuartigen Baustoffe werden bereits in den dafür vorgesehenen Formen gezüchtet. Auf diese Weise lassen sich beispielsweise sogenannte Ziegelsteine aus Myzel anfertigen. Nennen wir sie der Einfachheit halber Myzel-Steine.

Die Herstellung ist ziemlich simpel. Man füllt einen Behälter in Form eines Ziegelsteins mit Holzspänen, Strohresten oder anderen pflanzlichen Nebenprodukten. Zuerst wird das Material sterilisiert und gewässert. Dann werden Sporen oder Myzel von zersetzenden Pilzen hinzugegeben, woraufhin das Myzel zu wachsen beginnt und die Pflanzenmaterie teilweise zersetzt. Schon bald bildet die Mischung aus Pilzen und Pflanzenmaterie eine dichte ziegelsteinförmige Struktur. Schließlich wird die Form geleert und der Inhalt in einem Ofen erhitzt, damit der Pilz abstirbt und die Feuchtigkeit entweicht. Das Ergebnis ist ein umweltfreundlicher, leichter, aber belastbarer Baustein. Er hält nicht ganz so hohem Druck stand wie ein gewöhnlicher Ziegelstein, für sein geringes Gewicht ist er aber dennoch ungewöhnlich stabil.

Bislang hat noch niemand ein ganzes Haus aus Myzel-Steinen gebaut. Doch im Jahr 2014 wurde auf dem Gelände eines Kunstmuseums in New York eine zwölf Meter hohe Konstruktion aus Myzel errichtet. Sie erinnerte an drei aneinander gelehnte Türme und bestand aus insgesamt 10.000 Myzel-Steinen. Die Pilze waren auf Ernteresten von Maisfeldern gezüchtet worden.

Aus umwelttechnischer Sicht ist diese Art von Baustoff ein wahrer Volltreffer. Der Produktionsprozess ist energieeffizient und kohlendioxidneutral, während die Rohstoffe überwiegend aus organischen Resten bestehen. Doch auf Pilzen

UNLIEBSAMER HAUSGAST

Der Echte Hausschwamm (Serpula lacrymans) ist ein Großpilz aus der Abteilung der Ständerpilze. Die Art stammt aus Nordostasien und hat sich durch den Handel mit Nutzholz nach Europa verbreitet. Hier kommt er in der Natur nicht vor. Der Echte Hausschwamm ist ein genialer Zersetzer von Bauholz und verbreitet sich äußerst rasch, was mit seiner Fähigkeit zur Ausbildung von Rhizomorphen zusammenhängt, also jenen stabilen Pilzfäden, die Nährstoffe und Wasser in großen Mengen durchs Myzel transportieren. So kann sich der Hausschwamm von feuchten Gebäudeteilen bis in trockene hinein ausbreiten.

basierendes Baumaterial birgt auch Nachteile, es ist beispielsweise wasserempfindlich. Die Myzel-Steine halten zwar Regen aus, aber dauerhafter Kontakt mit Wasser würde zur Zersetzung führen. Doch auch dieses Problem ließe sich ganz bestimmt mit irgendeiner Form von Imprägnierung lösen, auch wenn diesbezüglich noch einige Forschung erforderlich ist.

ENDLICH MEHR PILZE IN HAUSWÄNDEN

Ein australisches Forscherteam führt aktuell Experimente zur Wandisolierung mit Pressspanplatten aus Pilzmyzel durch. Spanplatten werden für gewöhnlich im Inneren von Gebäuden verbaut, wo sie gegen Feuchtigkeit geschützt sind. Das Material wird in derselben Weise gezüchtet wie Myzel-Steine, doch anstelle von Ziegelsteinformen benutzt man Zuchtbehältnisse in Plattenform.
Die Forscher verwenden für ihre Versuche das Myzel der Schmetterlings-Tramete (*Trametes versicolor*), und der Pilz wächst auf einer Mischung aus Reishülsen und Weizenkörnern. Durch das Hinzufügen von Bruchglas erlangen die Myzel-Platten eine verhältnismäßig hohe Feuerfestigkeit. Das Züchten der Platten dauert ungefähr zehn Tage. Am Ende sind sie feuerbeständiger als Isoliermaterial auf Kunststoffbasis, entflammen jedoch schneller als herkömmliche Spanplatten aus Holzfasern. Diese setzen wiederum bei einem Brand mehr Hitze und giftige Gase frei als die Myzel-Platten. Das von den Forschern verwendete Bruchglas ist übrigens so stark zermahlen, dass es sich nicht mehr für die Herstellung von neuem Glas eignet. Und Reishülsen gibt es im Überfluss. Die jährliche Produktion aus dem weltweiten Reisanbau beläuft sich auf über 150 Millionen Tonnen. Die Inhaltsstoffe in den sogenannten Pilzplatten sind den Forschern zufolge deshalb umweltfreundlich, billig und völlig frei von Giften. Da diese Platten zudem noch ziemlich biegsam sind, eignen sie sich am besten als Isoliermaterial, wenn nicht sogar noch besser zur Schalldämpfung.
„Die große Herausforderung besteht darin, ein Material zu entwickeln, das sowohl preislich als auch rein mechanisch mit festen Pressspanplatten konkur-

rieren kann", erklärt Sabu John, einer der für die Versuche verantwortlichen Wissenschaftler. Er ist Professor an der RMIT University in Melbourne/Australien.

Rein technisch betrachtet ist es ziemlich simpel, feste Myzel-Platten zu züchten. Es reicht schon aus, wenn man die Reishülsen durch Sägespäne ersetzt. Als Endprodukt erhält man eine Myzel-Platte, die einer gewöhnlichen Holzplatte ähnelt, also schlicht und einfach eine gezüchtete Spanplatte. Doch es sind nicht allein die Sägespäne, die dafür sorgen, dass die gezüchtete Platte fester und stabiler wird. Reishülsen sind für zersetzende Pilze eine nährstoffarme Kost, Sägespäne hingegen das reinste Festmahl. Und je mehr Nährstoffe den Pilzen zur Verfügung stehen, desto mehr Myzel bilden sie aus, und dementsprechend härter wird die Platte.

Das Problem ist, dass Sägespäne als Rohstoff für herkömmliche Spanplatten weitaus stärker nachgefragt sind als Reishülsen. Da das Heranzüchten von Myzel-Platten verhältnismäßig lange dauert, können diese preislich nicht mit Spanplatten konkurrieren, zumindest aktuell nicht. Doch die gezüchteten Platten verbessern das Raumklima, während herkömmliche Spanplatten viel Leim enthalten, der *Formaldehyd* absondert – ein allergieauslösendes und krebserregendes Gas. Auch wenn die Mengen an Formaldehyd, die dieses Baumaterial absondern darf, stark reglementiert sind, stellt sich dieses Problem bei gezüchteten Spanplatten erst gar nicht.

PILZHÄUSER IM WELTALL

Auch die NASA prüft diverse Möglichkeiten zur Errichtung von Häusern aus Myzel. Wenn der Mensch zukünftig ferne Himmelskörper besiedelt, würden sich vor Ort wachsende Baustoffe natürlich bestens dafür eignen. Aus dieser Idee heraus betreibt die NASA ihr „Myco-Architecture Project". Laut Plan sollen die Astronauten einfache, mit ruhenden Pilzen gefüllte Bauelemente mit sich führen. Durch Zugabe von Wasser werden die Pilze schließlich zum Leben erweckt, und das Myzel wächst, bis die Elemente eine komplette Wohnstätte bilden.

Informationen zu pilzbasierten Baustoffen zu finden, ist nicht ganz leicht. Wenn man beispielsweise „Pilz“ und „Haus“ googelt, handeln mindestens die ersten zehn Suchtreffer von Pilzbefall an Gebäuden, insbesondere durch den sogenannten Echten Hausschwamm. Kein Wunder, dass Pilze im Zusammenhang mit Gebäuden einen schlechten Ruf haben. So kann der Verkauf von Baumaterialien, die mithilfe zersetzender Pilze gezüchtet wurden, schnell zur Herausforderung werden. Dennoch finden diese Materialien zunehmend einen Markt. Es gibt beispielsweise ein italienisches Unternehmen, das schalldämpfende Wand- und Bodenplatten auf Basis von Pilzmyzel und organischen Reststoffen herstellt.

BRÜCKENBAU MIT PILZBETON

Beton zur Fertigung von Rohbauten und Brücken wird für gewöhnlich mit Stahl verstärkt. Wenn sich Risse im Beton bilden, können Wasser und Sauerstoff in das Material eindringen und Rostschäden am Stahl verursachen. Dies kann zu einer gefährlichen Schwächung der Konstruktion führen. Aktuell werden wissenschaftliche Versuche zur Herstellung eines sogenannten selbstheilenden Betons durchgeführt. In Kapitel 1 hatte ich bereits erwähnt, dass die Pilze in den Rissen und Spalten des Grundgesteins mitunter Minerale um sich herum bilden. Kalzit ist ein solches Mineral. Wenn den Pilzen im Grundgestein genügend Nährstoffe zur Verfügung stehen, können sie so viel Kalzit bilden, dass der gesamte Riss, in dem sie leben, abgedichtet werden kann. Genau diesen Prozess nutzen die Forscher bei ihren Versuchen zur Erzeugung von selbstheilendem Beton. Dem noch flüssigen Beton werden Pilzsporen und Nährstoffe für die Pilze zugefügt. Sobald ein Riss entsteht, können Sauerstoff und Wasser zu den im Beton ruhenden Sporen vordringen und erwecken sie zum Leben. Sie keimen und bilden Kalzit, wodurch der Riss abgedichtet wird. Doch das Milieu im Beton stellt eine Herausforderung für die Pilze dar, denn sein pH-Wert ist für die meisten Pilze zu hoch, wenn auch nicht für alle. Amerikanische Wissenschaftler haben nachgewiesen, dass ein Pilz namens *Trichoderma reesei* im Beton wachsen und Kalzit bilden kann.

Diese Art könnte nicht nur für die Entwicklung zukünftiger Baustoffe eine wichtige Rolle spielen, denn *Trichoderma reesei* hat in den vergangenen Jahren auch ein gewisses Potenzial als Weltverbesserer im Hinblick auf Biotreibstoffe für Kraftfahrzeuge bewiesen. Seine Rolle als Gehilfe des Menschen ist für den Pilz keineswegs neu. Alles begann während des Zweiten Weltkriegs, als Soldaten auf den Salomon-Inseln im Pazifischen Ozean auf einmal unerklärliche Löcher im Stoff ihrer Uniformen entdeckten. Die auf den Inseln stationierten amerikanischen Truppen stellten fest, dass offenbar irgendein unbekanntes Kleinstlebewesen ihre Kleidung, Zelte und andere Utensilien aus Baumwolle zernagte. Da Baumwolle aus Cellulose besteht, wurde rasch klar, dass es sich um einen ungewöhnlich angriffslustigen, Cellulose zersetzenden Pilz handelte. Aber um welchen? Man schickte diverse Proben ans militärische Forschungszentrum der U. S. Army in Massachusetts und ließ sie von zwei berühmten Wissenschaftlern untersuchen: Mary Mandels und Elwyn Reese (nach dem der Pilz benannt ist). Das Forscherduo erkannte rasch, dass dieser Pilz in der Industrie große Bedeutung erlangen könnte. Und genauso kam es auch. Heutzutage wird nahezu die komplette Massenproduktion von Cellulose zersetzenden Pilzenzymen mit *Trichoderma reesei* abgedeckt. Und fast der gesamte Pilzbestand dieser Züchtungen stammt aus jenen Proben, die während des Zweiten Weltkriegs an das Labor von Mary Mandels und Elwyn Reese geschickt wurden.

MEHR PILZE IM TANK

Wie bereits erwähnt, könnte *Trichoderma reesei* zukünftig auch Autofahrer bei der Nutzung eines weniger umweltschädlichen Kraftstoffs unterstützen. Zeit für eine kurze Einführung zum Ethanol-Kraftstoff E85: Er besteht aus 85 Prozent Ethanol und 15 Prozent Benzin (im Winter 25 Prozent). Ethanol hat inzwischen jedoch einen ziemlich angeschlagenen Ruf als Bio-Kraftstoff. Noch vor wenigen Jahrzehnten war das anders. Damals wurde E85 als beste Umweltalternative angepriesen. Doch dann häuften sich in rascher Abfolge Berichte über Motorschäden, und außerdem begann man seine Umweltfreundlichkeit infrage zu stellen. In Schweden wird der Hauptanteil des für die Herstellung von E85 genutzten Ethanols aus Getreide, insbesondere Weizen gewonnen. Kritiker sind der Ansicht, dass es in einer Welt, in der Menschen hungern, sowohl inakzeptabel als auch unethisch ist, Kraftstoffe aus Naturprodukten zu produzieren, die auch als Lebensmittel genutzt werden könnten. Doch Ethanol lässt sich auch aus Reststoffen aus der Land- und Forstwirtschaft gewinnen. Beispielsweise aus Schlagabraum, also den zurückbleibenden Baum- und Biomasse-Resten nach dem Zersägen von Bäumen zu Nutzholz. Hier erweist sich der starke Pilz *Trichoderma reesei* als äußerst hilfreich.

Theoretisch ist es ziemlich einfach, Ethanol aus diesen Resten herzustellen. Bei diesem Prozess kommt der Pilz in zwei Schritten zum Einsatz. Im ersten Schritt liefern zersetzende Pilze wie *Trichoderma reesei* die nötigen Enzyme für die Umwandlung des Schlagabraums in Zucker. Im zweiten Schritt erzeugen Hefepilze mithilfe des Zuckers Ethanol.

Biokraftstoffe, die aus Reststoffen aus der Land- und Forstwirtschaft gewonnen werden, nennen sich Biokraftstoffe der zweiten Generation. Aus Schlagabraum gewonnenes Ethanol könnte ebenfalls ein solcher werden. In Örnsköldsvik/Nordschweden steht eine Versuchsanlage, in der anschaulich gezeigt wird, wie es funktionieren könnte.

Der Prozess beginnt mit der Aufbereitung des Schlagabraums oder anderen Reststoffen aus der Land- und Forstwirtschaft unter Wärmeeinwirkung mittels Säuren. Anschließend werden die Enzyme des Pilzes *Trichoderma reesei* beigefügt. Diese bewirken eine Zersetzung und die Bildung von Zucker, der wiederum den Hefepilzen als Nahrungsquelle dient und sie zur Produktion von Ethanol anregt. Im letzten Produktionsschritt gestaltet sich die Praxis jedoch etwas komplizierter als die Theorie. Gewöhnliche Hefepilze ernähren sich nämlich von Zuckermolekülen, die aus sechs Kohlenstoffatomen bestehen. Bei der Zersetzung der Reststoffe werden zum einen genau diese gebildet, zum anderen aber auch Zuckermoleküle mit nur fünf Kohlenstoffatomen. Gewöhnliche Hefepilze können sich somit nicht von ihnen ernähren. Bestimmte genmanipulierte Hefepilzarten hingegen schon. Mit genmanipulierter Hefe lässt sich dementsprechend mehr Ethanol gewinnen.

Die schwedische Energiebehörde – der Hauptinvestor dieses Projekts – bestätigt in einem Untersuchungsbericht zwar das ausgezeichnete Funktionieren der Technik, hält es aktuell aber dennoch für preisgünstiger, Ethanol-Kraftstoffe aus Getreide herzustellen. Die Kosten werden im Zuge der Weiterentwicklung und Optimierung dieser Prozesse jedoch mit hoher Wahrscheinlichkeit noch sinken. Hier sind allerdings sowohl langfristige finanzielle Investitionen als auch eine breite politische Unterstützung erforderlich, die in den vergangenen Jahrzehnten nicht ausreichend vorhanden war. Stattdessen überwogen eher kurzsichtige und übereilte Lösungen. Ethanol hatte seine Blütezeit zu Beginn der 2000er-Jahre. Danach wurde Diesel als beste Umweltalternative angepriesen, was sich jedoch als Fehler erwies. Dieselmotoren stoßen zwar geringere Mengen an Kohlendioxid aus als Benzinmotoren, dafür aber umso mehr Stickstoffdioxid und andere gesundheitsschädliche Partikel, die lokale Luftverschmutzungen verursachen. Inzwischen setzt man stattdessen auf Hybridfahrzeuge und wartet darauf, dass Elektroautos endlich das Luxussegment verlassen. Aktuell ist also noch ungewiss, ob *Trichoderma reesei* und seine Hefepilz-Kollegen dafür sorgen werden, dass zukünftige Fahrzeuge klimafreundlicher unterwegs sind.

KLIMAWANDEL BEDROHT PILZE

Wie jeder weiß, kommen wärmere Zeiten auf uns zu. Die durchschnittliche Temperatur auf der Erde ist seit Ende des 19. Jahrhunderts um fast ein Grad Celsius gestiegen, und es besteht kein Zweifel, dass der Ausstoß von Treibhausgasen die Ursache dafür ist. Laut Weltklimarat wird die mittlere Temperatur im Verlauf dieses Jahrhunderts um zwei bis fünf Grad Celsius steigen. Doch schon jetzt kann man die Auswirkungen des Klimawandels in unseren Breitengraden ausmachen. Die Vegetationsperioden sind länger geworden, und die Zugvögel treffen im Frühjahr immer zeitiger ein. In Schweden wurden neue Vogelarten ansässig, ebenso mehrere neue Zeckenarten sowie massenweise invasive Arten. Auch die Vegetation der Bergwelt schrumpft mit zunehmender Verlagerung der Baumgrenze in Richtung Norden.

Doch in welcher Form werden Pilze vom Klimawandel beeinflusst? Das Wissen darüber ist begrenzt, wie so oft, wenn es um die Bewohner des Reichs der Fungi geht. Pilzsammler können sich auf jeden Fall darüber freuen, dass die Pilzsaison immer länger wird. Laut einer Studie mit Daten aus mehreren europäischen Ländern hat sie sich in den Jahren von 1970 bis 2007 um ungefähr zehn Tage verlängert. Pilze sind frostempfindlich. Mit zunehmender Erderwärmung setzt der Frost immer später in der Saison ein. Das ist eine der Erklärungen für die Ausweitung der Pilzsaison. Doch es besteht auch ein Zusammenhang mit den Vegetationsperioden. Wenn sich diese aufgrund der Erderwärmung verlängern, verlängert sich auch die Pilzsaison bei den Mykorrhiza bildenden Arten, da die Pilze ihre Nährstoffe aus Pflanzen beziehen.

Es lässt sich nicht leugnen, dass bei der Zersetzung von organischer Materie durch Pilze Kohlendioxid gebildet wird. Dieser Zersetzungsprozess ist ein natürlicher Teil des globalen Kohlenstoffkreislaufs. Pilze haben es gerne warm, und laut einigen Wissenschaftlern führen die steigenden Temperaturen zu erhöhter Aktivität, wodurch sie noch mehr Kohlendioxid ausstoßen. Demnach würde durch den Klimawandel ein Teufelskreis in Gang gesetzt werden: Der Klimawandel infolge des hohen Kohlendioxidausstoßes durch den Menschen bewirkt letztendlich, dass Pilze und auch Bakterien vermehrt Kohlendioxid ausstoßen. Doch die Erwärmung fördert auch die Photosynthese von Pflanzen und damit ihre Fähigkeit, Kohlendioxid aufzunehmen. Bestenfalls werden sich diese Prozesse gegenseitig neutralisieren. Allerdings gibt es noch eine Reihe von anderen Faktoren, die das vorherrschende Gleichgewicht beeinflussen. Einer davon ist die Wasserversorgung, wie ein aktuelles Klimaexperiment zeigt. Im Jahr 2005 wurden in einem Nadelwald in Alaska mehrere Gewächshäuser errichtet. Die Temperatur in den Gewächshäusern ist im Durchschnitt 1,6 Grad höher als die Umgebungstemperatur und der Boden darin ungefähr 20 Prozent trockener, weil die Erwärmung die Verdunstung fördert. Das in den Gewächshäusern vorherrschende Klima entspricht ungefähr dem, was uns zum Ende dieses Jahrhunderts hin erwarten wird.

Ein Forscherteam mit amerikanischer und mexikanischer Beteiligung hat untersucht, inwieweit die künstliche Klimaveränderung in den Gewächshäusern

Einfluss auf zersetzende Pilze nimmt. Dabei kamen die Forscher zu dem Schluss, dass die Zersetzung von organischer Materie im Inneren der Gewächshäuser langsamer vonstattengeht als draußen. Die dort wachsenden Pilze verwenden gezwungenermaßen einen Großteil ihrer Energie auf das Reparieren von Zellen – das Überleben hat also Vorrang vor dem Zersetzen. Auch die Zusammensetzung der Arten hat sich verändert. Im Verlauf des Experiments sind immer mehr dürreresistente Arten in die Gewächshäuser eingezogen. Wie es scheint, könnte der Klimawandel demnach sowohl die Zersetzungsprozesse als auch die Zusammensetzung der Arten von Pilzen in den kaltgemäßigten Wäldern beeinflussen.

Die fortlaufende Erderwärmung macht Pflanzen zu Klimaflüchtlingen. Berechnungen zufolge müssten die Pflanzen auf der Nordhalbkugel 500 Kilometer weiter nach Norden übersiedeln oder 500 Meter an den Berghängen hinaufwandern, um weiterhin in ihren jetzigen Klimazonen leben zu können. Das ist zwar ein Ding der Unmöglichkeit, aber sie werden es zumindest versuchen. Und wenn die Pflanzen abwandern, werden die Pilze ihnen folgen. Allerdings variiert die Ausbreitungsgeschwindigkeit bei verschiedenen Pflanzenarten. Dadurch wird sich die Zusammensetzung der Arten innerhalb des Ökosystems verändern. Neue Arten werden sich in einer anderen Umgebung ansiedeln, während andere ganz verschwinden werden.

Ich frage Karina Clemmensen, die mir das Pilzmyzel im Wald gezeigt hat (siehe auch Kapitel 2), ob sie ebenfalls der Ansicht ist, dass der Klimawandel Einfluss auf die Pilze nimmt. Die Pilzforscherin von der Schwedischen Universität für Agrarwissenschaften antwortet, dass sie insbesondere Auswirkungen auf die Mykorrhiza befürchtet.

„Wenn eine Pflanze und ein Pilz, die gemeinsam Mykorrhiza ausbilden, unterschiedlich stark durch den Klimawandel beeinflusst werden, könnte es Probleme geben. Wenn beispielsweise einer der Partner schneller nach Norden abwandert

In Alaska untersuchten Wissenschaftler im wahrsten Sinne des Wortes die Auswirkungen des Treibhauseffekts auf Pilze.

als der andere, entsteht ein Ungleichgewicht zwischen ihren Ausbreitungsgebieten. Dann könnte es für beide schwer werden, zueinanderzufinden, um gemeinsam Mykorrhiza auszubilden", erläutert Karina Clemmensen.

Die schwedische Rote Liste der bedrohten Arten von 2020 enthält Angaben über rund 3.600 Pilzarten. Ungefähr 13 Prozent davon werden als bedroht eingestuft. Damit ist der Anteil bedrohter Pilzarten seit der letzten Veröffentlichung dieser Liste im Jahr 2015 leicht gestiegen, was beunruhigend ist. Doch im Vergleich zu vielen anderen Organismengruppen sind die Pilze nicht ganz so stark betroffen. Sie rangieren eher im mittleren Bereich. Bei den Gefäßpflanzen (Kräuter, Sträucher und Bäume) sind 16 Prozent aller Arten bedroht, bei den Säugetieren liegt der Anteil bei 15 Prozent.

Ganze 90 Prozent der bedrohten Pilzarten wachsen im Wald. Dieser Trend hängt damit zusammen, dass die größte Bedrohung für die Vielfalt der Pilze von der modernen Forstwirtschaft ausgeht und nicht vom Klimawandel. Das zeigt ein groß angelegtes Experiment von Karina Clemmensen und anderen Wissenschaftlern von der Schwedischen Universität für Agrarwissenschaften. Die Forscher haben in einem Kiefernwald in der Provinz Norrbotten in Nordschweden untersucht, inwiefern die industrielle Abholzung von Wäldern Einfluss auf Mykorrhiza bildende Pilze nimmt. Wie sich herausstellte, verblieben nach drei Jahren noch 60 Prozent der Mykorrhiza bildenden Pilzarten im Boden, wenn man im Zuge der Abholzung einen Anteil von 30 Prozent aller Bäume stehen ließ. Nach einem Kahlschlag verblieben nur noch 25 Prozent der Mykorrhiza-Arten im Boden, und die Menge verringerte sich um ganze 95 Prozent. „Ein Kahlschlag ist also verheerend für Mykorrhiza-Pilze in Nadelwäldern", erklärt Karina Clemmensen.

Sie und ihr Kollege von der Schwedischen Universität für Agrarwissenschaften, Jan Stenlid, (der in Kapitel 5 von den schädlichen Auswirkungen des Gemeinen Wurzelschwamms berichtete) haben gemeinsam mit anderen Wissenschaftlern untersucht, inwiefern Mykorrhiza bildende Pilze zur Speicherung von Kohlenstoff im Boden beitragen. Ein Großteil der von den Pilzen zersetzten Pflanzen- und Tierkadaver verbleibt lange Zeit in Form von *Humus* im Boden. So nennt man teilweise zersetzte organische Materie. Die Humusschichten fungieren als Kohlenstoffsenke und verhindern die Freisetzung von Kohlenstoff in die Atmosphäre in Form von Kohlendioxid.

Lange Zeit galt es als erwiesen, dass der Kohlenstoff in den Humusschichten des Waldes aus *Streu* stammt, also aus organischer Materie wie Blättern und Nadeln, die zu Boden fallen. Doch Karina Clemmensen und ihre Kollegen konnten nachweisen, dass der Hauptanteil des Kohlenstoffes tiefer im Boden gespeichert wird und zu großen Teilen aus verrottendem Pilzmyzel und Wurzeln besteht. Der Waldboden bindet demnach enorme Mengen an Kohlenstoff in Form von abgestorbener Mykorrhiza. Diese Tatsache stellt die bislang vorherrschende Auffassung von den oben genannten Prozessen auf den Kopf, denn die Humusschicht bildet sich vielmehr von unten und nicht von oben.

Die Analysen der Forscher zeigen auch, dass der Anteil abgestorbener Pilze in den Humusschichten zunimmt, je älter der Wald ist. In extrem alten Wäldern macht ihr Anteil 70 Prozent in den Humusschichten aus. Alte Wälder wachsen äußerst langsam. Laut einigen Wissenschaftlern bieten diese Wälder nur wenig Nutzen als Kohlenstoffsenke, zumindest verglichen mit jungem Wald, der rasch wächst und große Mengen an Kohlendioxid aus der Atmosphäre aufnimmt.

„Mit unseren Forschungen konnten wir jedoch zeigen, dass selbst sehr alter Wald in den kaltgemäßigten Klimazonen Europas noch Kohlenstoff speichert. Eine Tatsache, die innerhalb der Forstwirtschaft berücksichtigt werden sollte“, erklärt Karina Clemmensen.

Nächste Doppelseite:
Schmetterlings-Tramete (*Trametes versicolor*)

EPILOG

WIR HABEN DIE ERDE NUR GEBORGT

Was wäre das Leben ohne Pilze?

Bis vor nicht allzu langer Zeit war ich Besitzer einer äußerst hinterhältigen Dunstabzugshaube. Diese Haube hatte geradezu ein Faible dafür, Kochfelder zu zertrümmern. Das erste Kochfeld unseres Küchenherds ging schon beim Einzug zu Bruch, weil sich das Gitter ohne jegliche Vorwarnung gelöst hatte. Es war ein hochwertiges Induktionsfeld, auf dessen Benutzung ich mich wirklich gefreut hatte. Da jedoch kein Geld mehr übrig war, wurde es durch ein gewöhnliches Ceranfeld ersetzt, das sich allerdings irritierend langsam erhitzte. Doch auch dieses Kochfeld fiel dem Gitter der Dunstabzugshaube zum Opfer. Das war der Tropfen, der das Fass zum Überlaufen brachte. Die Abzugshaube wurde kurzerhand entsorgt, und nach einem tiefen Griff ins Portemonnaie erhielt die Küche eine neue, zuverlässigere Dunstabzugshaube und endlich auch ein Induktionskochfeld.

Ich beschloss, die Aufwertung der Küche mit einer Tasse besonders hochwertigen Kaffees aus einem meiner Espressokännchen zu feiern. Insgesamt besitze ich vier von diesen sechseckigen Espresso-Kochern aus Aluminium in unterschiedlichen Größen, die man direkt auf die Herdplatte oder in diesem Fall aufs Induktionsfeld stellt. Ich griff nach dem zweitgrößten, schraubte das Oberteil ab und wich entsetzt zurück: Ich erblickte einen höllisch anmutenden Schimmel-Klumpen. Ganz offensichtlich hatte ich bei der letzten Benutzung vergessen, den Kaffeesatz zu entfernen, was über ein Jahr her war. Der Schimmel

Kaffee mit Schimmel ist wie Liebe ohne Küsse – nicht gerade lustig.

bildete jetzt eine steinharte, mit Sporen überzogene Kruste, und die Innenwände des Kännchens waren durch Enzyme und Säuren verätzt. Ich warf beides in die Spüle. Doch die ruckartige Bewegung setzte eine Wolke aus Sporen frei, die mir in die Nase stachen.

Dann verwendete ich eine geschlagene Stunde darauf, sämtliche Teile des Espressokochers zu schrubben, abzuschaben und auszukochen. Schließlich war der Kocher so weit gesäubert, dass ich mich traute, ihn auszuprobieren. Ich gab Kaffeepulver hinein und stellte ihn auf die Herdplatte. Doch diese reagierte mit einem viermaligen Blinken und schaltete sich dann ab. In dem Moment realisierte ich, was ich längst vorher hätte wissen müssen: Meine Espressokännchen sind aus reinem Aluminium und funktionieren deshalb auf Induktionskochfeldern nicht. Vorhang.

Es ist kein Zufall, dass dieses Buch mit einer Anekdote aus dem Pilzwald beginnt und mit einer aus der Küche endet. Beide bringen nämlich das Verhältnis der meisten Menschen zu Pilzen ziemlich gut auf den Punkt. Man betrachtet Pilze für gewöhnlich entweder als schmackhafte Mahlzeit oder als eklige Schimmelschicht auf leckerem Essen. Ich hoffe sehr, dass dieses Buch zeigt, um wie vieles komplexer und spannender das Verhältnis zwischen Mensch und Pilz sein kann.

Als ich mit meinen Recherchen zu diesem Buch begann, wusste ich ziemlich wenig über Pilze. Ich bin zwar Biologe und ehemaliger Wissenschaftler, aber mein Forschungsgebiet waren Raubvögel im Gebirge. Ich untersuchte, wie sie ihre Beute – pflanzenfressende Nagetiere wie Lemminge und Wühlmäuse – ausschlachten. Dabei verwendete ich viel Mühe darauf, die drei Stufen der Nahrungskette zu dokumentieren: Raubtiere – Pflanzenfresser – Pflanzen. Pilze kamen in dieser Gleichung überhaupt nicht vor. Und mir war auch nie bewusst, dass sich die Nahrungskette, die ich erforschte, von der Luft bis hinunter zum Boden und weiter ins Erdreich hinein, also ins Reich der Fungi erstreckte.

Jetzt, nach Fertigstellung des Buches, weiß ich weitaus mehr über Pilze – und sehe sie mit ganz anderen Augen. Sie sind in vieler Hinsicht faszinierender als Raubvögel. Steinadler, Raufußbussarde und Jagdfalken mögen zwar etwas charismatischer sein, doch auch das Pilzreich wartet durchaus mit jeder Menge

Überraschungen auf. Mein erstes Wow-Erlebnis hatte ich während der Lektüre über den gigantischen Dunklen Hallimasch, den größten Organismus der Welt. Der Ökologe in mir war geradezu besessen davon zu verstehen, warum manche Exemplare dieses Dunklen Hallimaschs so riesig und so alt werden. Ich werde der Sache weiter auf den Grund gehen.

Als ich dann von den schwedischen Forschern erfuhr, die den Nachweis erbrachten, dass eine Flechte keineswegs das Ergebnis einer Symbiose zwischen einem Pilz und einer Alge ist, sondern vielmehr eine Art Kollektiv von verschiedenen Organismen, musste ich laut auflachen. Offenbar ist es wirklich an der Zeit, gewisse Schulbücher zu aktualisieren.

Auch der Vergleich zwischen dem unterirdischen Pilznetzwerk des Waldes und unserem, auf Glasfasern basierenden Internet spricht mich an. Mir gefällt der Gedanke, dass Bäume über das „Wood Wide Web" zusammenarbeiten, auch wenn es den ökologischen Prinzipien zuwiderläuft, die ich als Wissenschaftler sklavisch befolgt habe. Verschiedene Arten können einfach nicht miteinander konkurrieren und zugleich zusammenarbeiten, oder vielleicht doch? Wahrscheinlich sind die Begriffe „Konkurrenz" und „Zusammenarbeit" in diesem Zusammenhang auch einfach nur zu unspezifisch und können den fein abgestimmten Beziehungen zwischen Pilzen und Bäumen sowie anderen Pflanzen nicht gerecht werden.

Als ich von den Zombie-Pilzen las, erschauderte ich wohlig und dachte: „Das wird meiner Verlegerin bestimmt gefallen." Und bei der Feststellung, dass es Menschen gibt, die diese Pilzarten sogar essen, wurde ich geradezu euphorisch – auch wenn ich mich selbst davor ekelte.

Wenn mich vor dem Verfassen dieses Buches jemand gefragt hätte, ob ich daran glaube, dass es auf dem Mars Leben gibt, hätte ich es verneint. Heute hingegen vertrete ich die Ansicht, dass es dort durchaus Pilze geben könnte. Oder zumindest Pilzfossilien im Grundgestein, so wie auch im Grundgestein der Erde. Die schwedischen Wissenschaftler Magnus Ivarsson und Henrik Drake haben schließlich nachgewiesen, dass Pilze bei der Wahl ihres Lebensraums keine Grenzen kennen. Darüber hinaus verändert letztlich auch das über zwei Milliarden Jahre alte Fossil, das die Forscher gefunden haben, den Blickwinkel

auf die Entwicklung des Lebens auf unserem Planeten. Möglicherweise waren die Pilze wirklich die ersten Organismen, die hoch entwickelte mehrzellige Strukturen ausgebildet haben.
Würden wir ohne Pilze überleben können? Nein, und die Pflanzen ebenso wenig. Wenn es die Pilze nicht gegeben hätte, hätte sich auch keine Mykorrhiza bilden können. Und ohne diese hätten die Pflanzen es vermutlich nicht geschafft, sich auf den Kontinenten anzusiedeln. Und wenn es keine Landpflanzen gegeben hätte, hätten sich auch die an Land lebenden Tiere nicht entwickelt. Aus dieser Perspektive betrachtet, haben wir es also den Pilzen zu verdanken, dass es uns Menschen überhaupt gibt. Wir sind alle auf dem Planeten der Pilze geboren.

REGISTER

QUELLENANGABEN

Wissenschaftliche und Populärwissenschaftliche Quellen

Kapitel 1 – Unter extremen Bedingungen

Bar-On Y et al. (2018) The biomass distribution on earth. PNAS 115: 6506–6511. doi: 10.1073/pnas.1711842115

Bengtson S et al. (2017) Fungus-like mycelial fossils in 2.4-billion-year-old vesicular basalt. Nature ecology & evolution. doi: 10.1038/s41559-017-0141

Drake H et al. (2017) Anaerobic consortia of fungi and sulfate reducing bacteria in deep granite fractures. Nature communications. doi:10.1038/s41467-017-00094-6

Drake H et al. (2017) Isotopic evidence for microbial production and consumption of methane in the upper continental crust throughout the Phanerozoic eon. Earth and Planetary Science Letters 470: 108–118. doi: 10.1016/j.epsl.2017.04.034

Ivarsson M. (2012) Subseafloor basalts as fungal habitats. Biogeosciences 9: 3625–3635. doi: 10.5194/bg-9-3625-2012

McMahon S & Ivarsson M. (2019) A New frontier for palaeobiology: earth's vast deep biosphere. BioEssays 41. doi: 10.1002/bies.201900052

Onstott T et al. (2019) Paleo-rock-hosted life on earth and the search on Mars: a review and strategy for exploration. Astrobiology 19: 1230–1262. doi: 10.1089/ast.2018.1960

Kapitel 2 – Ein eigenes Reich

Anderson O et al. (2015) Circadian control sheds light on fungal bioluminescence. Current Biology 25: 964–968. doi: 10.1016/j.cub.2015.02.021

Boyce C, et al. (2007) Devonian landscape heterogeneity recorded by a giant fungus. Geology 35: 399–402. doi: 10.1130/G23384A.1

Carris, L et al. (2012) Introduction to fungi. The plant health instructor. doI:10.1094/PHI-I-2012-0426-01

Floudas D et al. (2012) The Paleozoic origin of enzymatic lignin decomposition reconstructed Vetenskapliga och populärvetenskapliga referenser i urval. from 31 fungal genomes. Science 336: 1715–1719. doi: 10.1126/science.1221748

Lepp H. Spore discharge and dispersal in mushrooms. Australian national botanic gardens. https://www.anbg.gov.au/fungi/spore-discharge-mushrooms.html

Moore D et al. 21st Century guidebook to Fungi. http://www.davidmoore.org.uk/21st_Century_Guidebook_to_Fungi_PLATINUM/index.htm

Nilsson U et al. (2014) Växtskyddets grunder. Institutionen för växtskyddsbiologi, Sveriges lantbruksuniversitet. https://pub.epsilon.slu.se/11944/7/nilsson_u_red_150225.pdf

Pöhlker C et al. (2012) Biogenic potassium salt particles as seeds for secondary organic aerosol in the Amazon. Science 337: 1075–1078. doi: 10.1126/science.1223264

Kapitel 3 – Meister der Zusammenarbeit

Beiler K et al. (2010) Architecture of the wood-wide web: Rhizopogon spp. genets link multiple Douglas-fir cohorts. New Phytologist 185: 543–553. doi: 10.1111/j.1469-8137.2009.03069.x

Gorzelak M, et al. (2015) Inter-plant communication through mycorrhizal networks mediates complex adaptive behaviour in plant communities. AoB plants 7. doi: 10.1093/aobpla/plv050

Moore D et al. 21st Century guidebook to Fungi. http://www.davidmoore21st_Century_Guidebook_to_Fungi_PLATINUM/index.htm

Simard S. (2016) How trees talk to each other. TED-talk. https://www.youtube.com/watch?v=Un2yBgIAxYs

Simard S. (2018) Tree communication. TED-talk. https://www.youtube.com/watch?v=RT4u8NkZ_q8

Simard S, et al. (1997) Net transfer of carbon between ectomycorrhizal tree species in the field. Nature 388: 579–582. doi: 10.1038/41557

Song Y et al. (2015) Defoliation of interior Douglas-fir elicits carbon transfer and stresssignalling to ponderosa pine neighbors through ectomycorrhizal networks Scientific reports 5: 8495. doi: 10.1038/srep08495

Spribille T, et al. (2016) Basidiomycete yeasts in the cortex of ascomycete macrolichens. Science 353: 488–492. doi: 10.1126/science.aaf8287

Kapitel 4 – Zum größten Nutzen der Menschheit

Agrawal B. (2017) Bio-stoning of denim – an environmental-friendly approach. Current trends in biomedical engineering & bioscience 3: 555612. doi: 10.19080/CTBEB.2017.03.555612

Danell E. Kantarell odlad i växthus – kommersiell produktion i sikte. Fakta trädgård 11/1996

Denby C et al. (2018) Industrial brewing yeast engineered for the production of primary flavor determinants in hopped beer. Nature communications 9: 965. doi: 10.1038/s41467-018-03293-x

Douzery E. (2004) The timing of eukaryotic evolution: Does a relaxed molecular clock reconcile proteins and fossils? PNAS 101: 15386–15391. doi: 10.1073/pnas.0403984101

Fors J. (2017) Ganoderma lucidum: The future of leather. https://biol421.opened.ca/ganodermalucidum-the-future-of-leather/

Heinzelmann R. et al. (2019) Latest advances and future perspectives in Armillaria research. Canadian Journal of Plant Pathology 41: 1–23. doi: 10.1080/07060661.2018.1558284

Helmersson D. Svenskarna och kampen för svampen. Populär historia 5/2003. https://popularhistoria.se/vardagsliv/mat-dryck/svenskarna-och-svampen

Huang M et al. (2017) Efficient protein production by yeast requires global tuning of metabolism. Nature Communications 8: 1131. doi: 10.1038/s41467-017-00999-2

Kachroo A. (2015) Systematic humanization of yeast genes reveals conserved functions and genetic modularity. Science 348: 921–925. doi: 10.1126/science.aaa0769

Libkind D et al. (2011) Microbe domestication and the identification of the wild genetic stock of lager-brewing yeast. PNAS 108: 14539–14544. doi: 10.1073/pnas.1105430108

Luo X et al. (2019) Complete biosynthesis of cannabinoids and their unnatural analogues in yeast. Nature 567: 123–126. doi: 10.1038/s41586-019-0978-9

Moore D et al. 21st Century guidebook to Fungi. http://www.davidmoore.org.uk/21st_Century_Guidebook_to_Fungi_PLATINUM/index.htm

NASA. Biosentinel. https://www.nasa.gov/centers/ames/engineering/projects/biosentinel.html

NASA. From baker's yeast to nutrients, new experiment heading to space station. https://gameon.nasa.gov/2019/04/16/from-bakersyeast-to-nutrients-new-experiment-heading-tospace-station/

Pray L. (2008) L. H. Hartwell's yeast: A model organism for studying somatic mutations and cancer. Nature Education 1:183.

Saranraj P & Stella D. (2013) Fungal Amylase – A Review. International journal of microbiological research 4: 203–211. doi: 10.5829/idosi.ijmr.2013.4.2.75170

Snaprud P. Du sköna nya Quorn. Forskning & Framsteg. 2/2012. https://fof.se/tidning/2012/2/artikel/du-skona-nya-quorn

Kapitel 5 – Die dunkle Seite der Macht

Akers B et al. (2011) A prehistoric mural in spain depicting neurotropic psilocybe mushrooms? Economic Botany 65: 121–128. doi: 10.1007/s12231-011-9152-5

Barklund P. Rotticka – SLU Skogsskada Rapport. https://epi-resurs.slu.se/SkogsSkada/skadeorsak.cfm?DiagnosID=54

Barklund P. Honungsskivlingar – SLU Skogsskada Rapport. https://epi-resurs.slu.se/SkogsSkada/skadeorsak.cfm?DiagnosID=41

Brown G et al. (2012) Hidden Killers: Human Fungal Infections. Medical mycology 4. doi: 10.1126/scitranslmed.3004404.

Dean R et al. (2012). The Top 10 fungal pathogens in molecular plant pathology. Molecular plant pathology 13: 414–430. doi: 10.1111/j.1364-3703.2011.00783.x.

Findley K et al. (2013) Human Skin Fungal Diversity. Nature 498: 367–370. doi: 10.1038/nature12171

Fredericksen M. (2017) Three-dimensional visualization and a deep-learning model reveal complex fungal parasite networks in behaviorally manipulated ants. PNAS 114: 12590–12595. doi: 10.1073/pnas.1711673114

Grice E & Segre J. (2011) The skin microbiome. Nature reviews microbiology 9: 244–253. doi: 10.1038/nrmicro2537

Kaitsu, Y et al. (2013). Ophiocordyceps sessilis sp. nov., a new species of Ophiocordyceps on Camponotus ants in Japan. Mycological Progress 12: 755 – 761. doi: 10.1007/s11557 – 013 – 0911 – 9

Kim J-Y (2016) Human fungal pathogens: Why should we learn? Journal of Microbiology: 54: 145–148. doi: 10.1007/s12275 – 016 – 0647 – 8.

Knudsen K. Svampförgiftningar. Internetmedecin.se. https://www.internetmedicin.se/page.aspx?id=2333

Kyan R et al. (2020) Candida auris: A decade of understanding of an enigmatic pathogenic yeast. Journal of fungi 6. doi: 10.3390/jof6010030

Luo, H et al. (2007). Coprinus comatus damages nematode cuticles mechanically with spiny balls and produces potent toxins to immobilize nematodes. Applied and environmental microbiology, 73(12), 3916–3923. doi: 10.1128/AEM.02770 – 06

The Mitchell library, UK. Sir Thomas Lipton. http://www.mitchelllibrary.org/lipton/index.php?a=eboo#

Moore D et al. 21st Century guidebook to Fungi. Digital resurs. http://www.davidmoore.org.uk/21st_Century_Guidebook_to_Fungi_PLATINUM/index.htm

Niu X–Mei & Zhang K–Q (2011) Arthrobotrys oligospora: a model organism for understanding the interaction between fungi and nematodes. Mycology 2: 59–78. doi: 10.1080/21501203.2011.562559

Qiu J. (2013) Overharvesting leaves 'Himalayan Viagra' fungus feeling short. Nature News. doi: 10.1038/nature.2013.12308

Reynolds H et al. (2018) Horizontal gene cluster transfer increased hallucinogenic mushroom diversity. Evolution letters 2: 88–101. doi:

10.1002/evl3.42

Sato K et al. (2009) Candida auris sp. nov., a novel ascomycetous yeast isolated from the external ear canal of an inpatient in a Japanese hospital. Microbiology and immunology 53: 41–44. doi: 10.1111/j.1348 – 0421.2008.00083.x.

Schmitt C & Tatum M. (2008) The Malheur national forest location of the world's largest living organism. United States Department of Agriculture, USDA

Sipos G (2017) Genome expansion and lineage-specific genetic innovations in the forest pathogenic fungi Armillaria. Nature ecology and evolution 1: 1931–1941. doi: 10.1038/s41559 – 017 – 0347 – 8

Svampkonsulenternas riksförbund. https://svampkonsulent.se/

Vanhaute E et al. The European subsistence crisis of 1845 – 1850: a comparative perspective. IEHC 2006 Helsinki Session 123. http://www.helsinki.fi/iehc2006/papers3/Vanhaute.pdf

Wells G. (1978) Lancelot Thomas Hogben, 9 December 1895--22 August 1975. Biographical Memoirs of Fellows of the Royal Society: 24:183 – 221

Wenzlhuemer R. (2008) Coffee to Tea Cultivation in Ceylon, 1880 – 1900. Brill's Indological Library 29, 338 pp

WHO. The top 10 causes of death. https://www.who.int/news-room/fact-sheets/detail/the-top-10-causes-of-death

Wirsén H. (2010) Svartrost, Puccinia graminis f. sp. avena, epidemiologi och bekämpningsstrategier i Mälardalen. Examensarbete 30 hp. Agronomprogrammet Mark/Växt SLU.

Yafetto L. (2018) The structure of mycelial cords and rhizomorphs of fungi: A mini-review. Mycosphere 9: 984–998. doi: 10.5943/mycosphere/9/5/3

Young E. How a frog became the first mainstream pregnancy test. The Atlantic 4:e maj 2017

Kapitel 6 – Glänzende Zukunftsaussichten

Allen F et al. (2009) Mary Elizabeth Hickox Mandels, 90, bioenergy leader. Biotechnology for biofuels 2:22. doi: 10.1186/1754 – 6834 – 2-22

Bidartondoa et al. (2018) Climate change: Fungal responses and effects. State of the World's Fungi 2018 KEW.

Clark M & Saporta S. How Arup engineered the living's mushroom tower Metropolis: 1:a July 2014

Clemmensen K et al. (2013) Roots and associated fungi drive long-term carbon sequestration in boreal forest. Science 339: 1615–1618. doi: 10.1126/science.1231923

Dadachova E et al. (2007). Ionizing radiation changes the electronic properties of melanin and enhances the growth of melanized fungi. Plos one 5. doi: 10.1371/journal.pone.0000457

Dahlin N. (2016) Tjernobyl: Den omöjliga katastrofen. Ny teknik. https://www.nyteknik.se/teknikhistoria/tjernobyl-den-omojliga-katastrofen-6422752

Dighton J et al. (2008) Fungi and ionizing radiation from radionuclides. FEMS Microbiology Letters 281: 109–120. doi: 10.1111/j.1574-6968.2008.01076.x

Ivshin V et al. (2007) Methods for isolation of chitin-glucan complexes from higher fungi native biomass. Polymer Science 49: 305–310. doi: 10.1134/S1560090407110097

Jones M et al. (2020) Engineered mycelium composite construction materials from fungal biorefineries: A critical review. Materials and design 187. doi: 10.1016/j.matdes.2019.108397

Jones M et al. (2018) Waste derived low cost mycelium composite construction materials with improved fire safety. Fire and materials 42: 816–825. doi: https://doi.org/10.1002/fam.2637

Kauserud H et al. (2012) Warming-induced shift in European mushroom fruiting phenology. PNAS 109: 14488–14493. doi: 10.1073/pnas.1200789109

Khan S et al. (2017) Biodegradation of polyester polyurethane by Aspergillus tubingensis. Environmental Pollution 225: 469–480. doi: 10.1016/j.envpol.2017.03.012

Martino E et al. (2003) Soil fungal hyphae bind and attack asbestos fibers. Angewandte Chemie international edition 42: 219–222. doi: 10.1002/anie.200390083

Menon R et al. (2019) Screening of fungi for potential application of self-healing concrete. Scientific reports 9. doi: 10.1038/s41598-019-39156-8

Nawawi W et al. (2020) Nanomaterials derived from fungal sources is it the new hype? Biomacromolecules 21: 30–55. doi: 10.1021/acs.biomac.9b01141

Niksic M. (2004) Is Phallus impudicus a mycological giant? Mycologist 18: 21–22. doi: 10.1017/S0269-915X(04)00104-1

Petersson A et al. (2015) Syntes och verifiering av samlade erfarenheter och resultat från lignocellulosaetanolforskning. SP Sveriges Tekniska Forskningsinstitut. Rapport:71

Rhee Y et al. (2012) Lead transformation to pyromorphite by fungi. Current biology 22: 237–241. doi: 10.1016/j.cub.2011.12.017

Romero-Olivares A et al. (2019) Soil metatranscriptomes under long-term experimental warming and drying: fungi allocate resources to cell metabolic maintenance rather than decay. Frontiers in microbiology 10. doi: 10.3389/fmicb.2019.01914

Satam C et al. (2018) Spray-coated multilayer cellulose nanocrystal chitin nanofiber films for barrier applications. ACS sustainable chemistry & engineering 6: 10637–10644. doi: 10.1021/acssuschemeng.8b01536

Seiboth B et al. (2011) Trichoderma reesei: A fungal enzyme producer for cellulosic biofuels. Biofuel production – recent developments and prospects, kapitel 13. doi: 10.5772/16848

Sterkenburg E et al. (2019) The significance of retention trees for survival of ectomycorrhizal fungi in clear-cut scots pine forests. Journal of applied ecology 56:1367–1378. doi: https://doi.org/10.1111/1365-2664.13363

White C & Gadd G. (1990) Biosorption of radionuclides by fungal biomass. Journal of chemical technology & biotechnology 49: 331-343., doi: 10.1002/jctb.280490406

Zhdanova N et al. (2004). Ionizing radiation attracts soil fungi. Mycological research 108: 1089–1096. doi: 10.1017/S0953756204000966

Zhdanova N et al. (2000) Fungi from Chernobyl: Mycobiota of the inner regions of the containment structures of the damaged nuclear reactor. Mycological research 104: 1421–1426. doi: 10.1017/S0953756200002756

BILDNACHWEISE

SHUTTERSTOCK

2–3 Ryan M. Bolton
6 Michele Paccione
10 Petr Brezina
31 Nikkytok
32 Kotji
35 Taviphoto
38 Natalia Ova
40–41 Jelly Chanonkij
43 KYTan
46 Attila N
49 Sutorius
50 Fotoricho1
53 Heiti Paves
57 Tomasz Czadowski
58–59 Aofsurat
60 PhoenixNeon
68 Jiri Prochazka
73 Protasov AN
76–77 Debbie Ann Powell
78 Ileana Bosogea
81 Steve Allen
91 Kallayanee Naloka
94 Graeme Hatley
99 Kichigin
100:1 Brum
100:2 Luka Hercigonja
101:1 Stefan Petru Andronache
101:2 Lorenzo Martinelli
102 Jajam E
108 Rattiya Thongdumhyu
111 Apiguide
112–113 Vera Larina
114 Hyde Peranitti
117 Chris Moody
120 Harald Biebel
122:1 Ville Kangas
122:2 Pieter Bruin
122:3 Mircea Costina
122:4 Jolanda Aalbers
123:1 Elina Litovkina
123:2 Madalina Pantis
123:3 Henri Koskinen
123:4 A.S. Floro
131 GGW
134 FreeProd33
137 Kookle
143 Henri Koskinen
146–147 Martien van Gaalen
151 Brandy McKnight
154–155 Ryan M. Bolton
159 Edwin Butter
161 Komsan Loonprom
162 Jamikorn Sooktaramorn
167 OneMashi
170 Tunatura
175 Volha Minich
178 Taviphoto
190–191 Pedro Sanmar
192 Oilly.Ar
197 Rattiya Thongdumhyu

WEITERE

Einband Lars Sjööblom
15 Stefan Bengtsson
20 Copernicus Sentinel data (2015)/ESA
23 Henrik Drake
25 NASA/JPL-Caltech/MSSS
28 Magnus Ivarsson
64 Rand Workman/MUOB
67 Eduardo A. Esquivel Rios/MUOB
176 Danielle Trode/Evocative Design
187 Steven D Allison

DANKSAGUNG

Ich danke meiner Verlegerin Kerstin Almegård bei Bonnier Fakta, die es mir ermöglichte, dieses Buch zu schreiben, und die mich während des gesamten Entstehungsprozesses unterstützt hat. Ich danke auch meinem Lektor Mattias Abrahamsson, der mir nicht zuletzt durch den reibungslosen und konstruktiven gemeinsamen Dialog eine große Hilfe war. Er hat auch eine Reihe von Faktenkästen im Buch mit Leben gefüllt und hier und dort mit seinem Wortwitz für Auflockerung gesorgt. Dank auch an Lars Sjööblom und Eva Wilsson für die ansprechende Umschlaggestaltung und elegante Formgebung.

Eine Reihe von Wissenschaftlern haben mich mit ihrem Wissen und ihrer Zeit unterstützt. Ein großes Dankeschön an Magnus Ivarsson und Henrik Drake, deren Forschungsergebnisse die Grundlage für das gesamte Kapitel 1 – Unter extremen Bedingungen – bilden. Dank auch an Karina Clemmensen für einen spannenden Pilzausflug und weise Erkenntnisse zu den Auswirkungen des Klimawandels auf die Pilze. Mein besonderer Dank gilt Jan Stenlid, der alle Fakten im Manuskript sorgfältig geprüft und mit wichtigen Informationen zu denjenigen Pilzen beigetragen hat, die Forstschäden verursachen. Dank auch an Eric Danell, der sich trotz hoher Arbeitsbelastung die Zeit genommen hat, um mir von seinen aufschlussreichen Zucht-Experimenten mit Pfifferlingen zu berichten. Ich möchte auch Karin Wågström für ihre ausführliche und informative Beschreibung des Kampfes gegen das Ulmensterben danken. Ebenso Jessica Beser von der staatlichen Gesundheitsbehörde, die es ermöglicht hat, alle Fakten zu Pilzkrankheiten zu überprüfen, obwohl ihr Frühjahr 2020 gelinde gesagt hektisch verlief.

Dank auch an alle Wissenschaftler, denen ich vergessen habe zu danken, sowie an alle, die zur Entstehung des umfangreichen Forschungsmaterials beigetragen haben – der Grundlage für dieses Buch. Schließlich möchte ich noch meinen Freunden für all die schlechten Pilzwitze danken, die in der letzten Zeit auf mich eingeprasselt sind. Nach dem Motto: „Dein Buch wird ganz bestimmt vortrüffelig.“